工业和信息化精品系列教材
——大数据技术

大数据应用技术与实践

微课版

于丽娜 李玮 左楠 ◉ 主编

刘志勇 ◉ 副主编

BIG DATA TECHNOLOGY

U0300170

人民邮电出版社

北 京

图书在版编目（CIP）数据

大数据应用技术与实践：微课版 / 于丽娜，李玮，左楠主编. -- 北京：人民邮电出版社，2024.3
工业和信息化精品系列教材. 大数据技术
ISBN 978-7-115-62096-5

Ⅰ. ①大… Ⅱ. ①于… ②李… ③左… Ⅲ. ①数据处理—教材 Ⅳ. ①TP274

中国国家版本馆CIP数据核字(2023)第119354号

内 容 提 要

本书依托一个大数据综合项目——电影市场的预测，按照大数据技术在该项目开发中的应用过程，将本书内容分为 10 个工作任务，包括初识 Hadoop、搭建 Hadoop 集群、数据上传、配置 Hadoop 高可用、数据清洗、使用 MapReduce 统计电影上映情况与排序、数据建仓、数据分析、数据迁移和数据可视化。书中的具体工作任务有助于读者综合运用大数据知识及各种工具软件，实现大数据项目整体过程的操作。

本书附有配套资源，包括源代码、教学设计、教学课件等。

本书可作为高等院校本、专科大数据相关专业的教材，也可供大数据相关从业人员参考。

◆ 主　编　于丽娜　李　玮　左　楠
　　副主编　刘志勇
　　责任编辑　鹿　征
　　责任印制　王　郁　焦志炜

◆ 人民邮电出版社出版发行　　北京市丰台区成寿寺路 11 号
　　邮编　100164　　电子邮件　315@ptpress.com.cn
　　网址　https://www.ptpress.com.cn
　　大厂回族自治县聚鑫印刷有限责任公司印刷

◆ 开本：787×1092　1/16
　　印张：10.5　　　　　　　　　　　2024 年 3 月第 1 版
　　字数：230 千字　　　　　　　　　2024 年 3 月河北第 1 次印刷

定价：42.00 元

读者服务热线：(010)81055256　印装质量热线：(010)81055316
反盗版热线：(010)81055315
广告经营许可证：京东市监广登字 20170147 号

前言 FOREWORD

为什么要学习本书

大数据技术，是以数据及数据所蕴含的信息价值为核心生产要素，通过数据采集、存储、加工等环节，使数据与信息价值在各行业经济活动中得到充分释放的赋能型技术。近年来，随着我国大数据产业政策鼓励及数字经济的深入发展，大数据技术已经应用于诸多行业。

但是，大数据技术知识点多、涉及范围广，如果不能从项目的角度按照任务进行讲解，极易造成学生在学完各知识点后，不知具体如何应用，从而大大降低学习效果。在多年的教学过程中，编者发现很多教材中理论较多、操作内容较少，对于学生上机实训时参考的实用性相对较低。为了让读者更好地理解大数据技术的应用场景，提升操作技能，本书以电影市场的预测项目为背景，介绍大数据技术在项目开发中的应用环节，并对重要知识点进行讲解，对每个步骤的操作过程进行展示，以期使难以理解的原理变得通俗易懂，使各个离散的知识点根据项目的业务线合理地联系在一起，让读者能够更容易地理解并掌握大数据技术的应用实践过程。

为落实立德树人的根本任务，本书在传授专业知识的同时，注重对读者科学素养、职业素质的培养，在每个工作任务最后设置"相关阅读"环节，结合专业学习内容，积极贯彻落实党的二十大精神，以典型、生动的案例讲述工业强国、自主创新、数据安全等相关知识，积极推进三全育人。

关于本书

本书对大数据项目的开发过程进行深入讲解，使读者能够由浅入深地了解每个环节知识点的应用方法。

本书分为 10 个工作任务，各工作任务内容如下。

工作任务 1 主要介绍项目的基本情况，以及大数据概念、大数据的应用场景、Hadoop 的基本理论等。通过学习本工作任务，读者能够明确项目需求，了解大数据及 Hadoop 的基本知识。后续工作任务将基于本工作任务介绍的情况进行项目的开发。

工作任务 2 主要介绍项目开发所需要的相关环境。通过学习本工作任务，读者能够独立安装虚拟机、进行相关的网络配置和 SSH 服务配置，完成 Hadoop 集群的搭建。

工作任务 3 主要介绍数据上传。通过学习本工作任务，读者能够学会如何使用 Shell 命令完成将数据上传至 HDFS 的工作。

工作任务 4 主要介绍如何实现 Hadoop 的高可用。通过学习本工作任务，读者能够理解什么是高可用，独立完成对 ZooKeeper 集群和 HDFS-HA 集群的配置。

工作任务 5 主要介绍数据清洗的工作。通过学习本工作任务，读者能够理解数据清洗的目的和意义，以及常用的数据清洗方法，学会如何利用 MapReduce 进行数据清洗。

工作任务 6 主要介绍大数据的统计技术和功能。通过学习本工作任务，读者能够理解大数据统计的基础知识，使用 MapReduce 进行数据分析。

工作任务 7 主要介绍数据仓库的基础知识。通过学习本工作任务，读者能够理解数据仓库与传统数据库的异同，独立完成对 Hive 的配置和数据由 Hive 向 MySQL 的迁移。

工作任务 8 主要介绍数据分析。通过学习本工作任务，读者能够理解数据分析的重要性，独立利用 Hive 完成对数据的分析。

工作任务 9 主要介绍数据迁移。通过学习本工作任务，读者能够理解数据迁移的目的和意义，独立利用 Sqoop 完成对数据的迁移。

工作任务 10 主要介绍数据可视化。通过学习本工作任务，读者能够理解数据可视化的含义，并独立实现大数据环境下多种图形的可视化展示。

为了帮助读者进一步巩固基础知识，本书在每一个工作任务后都附有一些课后习题，读者在阅读完工作任务内容后，能够根据自身需求进行练习。

在本书的编写过程中，尽管编者力求严谨、准确，但由于技术的发展日新月异，加之编者水平有限，书中难免存在不足之处，敬请广大读者批评指正。

编者

2023 年 4 月

本书项目概述

1. 项目背景

近几年电影市场火爆，尤其是春节档票房收入更是迭创新高。"××影业"公司计划参与投拍一部电影，名为《逝去的青春》。为提高票房收入、降低投资风险，公司需要了解电影市场的情况，包括不同类型电影的票房收入情况、不同类型观众对电影的偏好等。为此，该公司决定收集、分析电影市场的相关数据，并对收集到的数据进行处理，以期为最终是否参与投拍提供重要的数据支持。

2. 项目开发语言及平台

为完成对电影市场相关数据的分析任务，本项目选用了在业界广泛应用的 Java 语言作为开发分析程序的基础语言。由于预计数据量会超过 TB 级别，该公司在技术方案中提出在一个高性能工作站集群上利用 Hadoop 提高数据处理能力，并利用 Hive 提高效率和简化 MapReduce 过程。最后使用 Spring Boot 搭建数据可视化展示系统，并结合 ECharts 进行图表展示。

3. 项目开发流程及本书内容安排

依据大数据项目中数据收集、清洗、存储、分析及展示的经典流程完成项目开发。为了完整呈现真实项目开发的场景，本书制定了详细的开发流程，具体如下。

- 搭建开发环境。
- 数据上传。
- 数据清洗。
- 数据建仓。
- 数据分析。
- 数据迁移。
- 数据可视化。

本书的主要内容如图 0-1 所示。

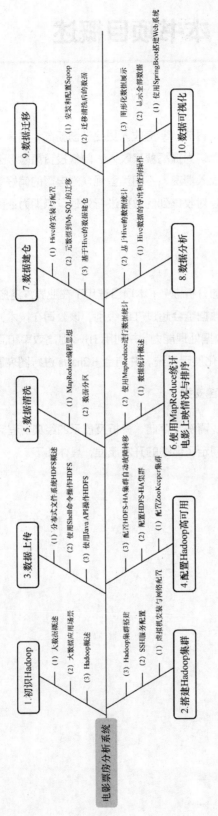

图 0-1　本书的主要内容

目录 *CONTENTS*

工作任务1

初识Hadoop

01

任务概述

随着近几年计算机和互联网技术的迅猛发展，"大数据"这个词被提及得越来越频繁。与此同时，大数据也确实无处不在地影响着我们的生活。例如，医疗方面，大数据能够帮助医生预测疾病；电商方面，大数据能够向顾客推荐个性化商品；交通方面，大数据能够帮助人们选择最佳出行方案。

由于 Hadoop 可靠及高效的处理性能，其逐渐成为大数据分析领域的领先平台。本工作任务将深入介绍大数据以及 Hadoop 的相关概念，为后面知识的学习和项目的开发建立基本的概念体系。

学习目标

1. 知识目标
- 了解大数据的概念及其特征。
- 了解 Hadoop 的发展历史及其版本。
- 了解 Hadoop 的生态体系。

2. 技能目标
熟知大数据的典型应用场景。

3. 素养目标
培养大数据思维及大数据应用意识。

任务 1.1　了解大数据

【知识链接】

1.1.1　什么是大数据

高速发展的"信息时代"，新一轮科技革命和变革正在加速推进，技术创新日益成为重塑经济发展模式和促进经济增长的重要驱动力量，而"大数据"无疑是核心推动力。

那么，什么是大数据呢？从字面意思来看，大数据指的是巨量数据。那么，什么量级的数据才叫大数据呢？不同的机构或学者对此有不同的理解，难以形成一个非常定量的定义，只能说，大数据的计量单位已经越过 TB 级别，发展到 PB、EB、ZB、YB 甚至 BB 级别。

最早提出大数据这一概念的，是全球知名咨询公司麦肯锡。它是这样定义大数据的：大数据是一种规模大到在获取、存储管理、分析方面大大超出了传统数据库软件工具能力范围的数据集合，具有海量的数据规模、快速的数据流转、多样的数据类型以及超低的价值密度四大特征。

研究机构 Gartner（高德纳）则是这样定义大数据的：大数据是需要新处理模式才能具有更强的决策力、洞察发现力和流程优化能力来适应海量、高增长率和多样化的信息资产。

在我国，学者们也根据各自的研究成果对大数据进行了定义。徐子沛先生在著作《大数据》中指出："大数据指用一般的软件工具难以捕捉、管理和分析的大容量数据，一般以太字节为单位。大数据之大，并不仅仅在于容量之大，更大的意义在于：通过对海量数据的交换、整合和分析，发现新的知识，创造新的价值，带来大知识、大科技、大利润和大发展。"

1.1.2　大数据的特征

一般认为，大数据主要具有以下 5 个方面的典型特征，即大量（Volume）、多样（Variety）、高速（Velocity）、价值（Value）和精准（Veracity），即所谓的"5V"。

大数据的特征

1. 大量

大数据的特征之一是数据规模大。随着互联网、物联网、移动互联技术的发展，人和事物的所有轨迹都可以被记录下来，数据呈"爆发式"增长。

2. 多样

数据来源的广泛性，决定了数据形式的多样性。大数据可以分为 3 类，一是结构化数据，如财务系统数据、信息管理系统数据、医疗系统数据等，其特点是数据间因果关系强；二是非结构化数据，如视频、图片、音频等，其特点是数据间没有因果关系；三是半结构化数据，如 HTML（Hypertext Markup Language，超文本标记语言）文档、邮件、网页等，其特点是数据间的因果关系弱。统计显示，目前尽管结构化数据占据整个互联网数据量的 75%以上，但产生价值的数据往往是那些非结构化数据。

3. 高速

数据的增长速度和处理速度是大数据高速性的重要体现。与以往的报纸、书刊等传统数据载体生产、传播方式不同，在"大数据时代"，大数据的交换和传播主要是通过互联网和云计算等方式实现的，其生产和传播数据的速度是非常快的。另外，大数据还要求处理数据的响应速度快，例如，上亿条数据的分析必须在几秒内完成；数据的输入、处理与丢弃必须立刻见效，几乎无延迟。

4. 价值

大数据的核心特征是价值，其实价值密度的高低和数据总量的大小是成反比的，即数据价值密度越高，数据总量越小，数据价值密度越低，数据总量越大。任何有价值的信息所依托的，就是海量的基础数据。当然，目前大数据背景下还有一个未解决的问题，就是如何通过强机器算法更迅速地在海量数据中完成数据的价值提纯。

5. 精准

数据来源于现实世界，数据是真实有效的，能反映真实情况。所以，在使用时需关注数据的精准性和可信赖度，即数据的质量。

1.1.3 研究大数据的意义

现在的社会是一个高速发展的社会，科技发达、信息流通、生活便捷，人们之间的交流也越来越密切，大数据就是这个"高科技时代"的产物。阿里巴巴创始人马云曾经说过，未来的时代将不是"IT 时代"，而是"DT 时代"，DT 就是 Data Technology（数据科技）的缩写。

有人把数据比喻为蕴藏能量的煤矿，比如露天煤矿、深山煤矿等。不同煤矿的挖掘成本大不一样。与此类似，大数据并不在于"大"，而数据的价值、挖掘成本比数量更为重要。对越来越多的行业而言，如何利用这些数据，发掘其潜在价值，才是赢得核心竞争力的关键。

研究大数据，最重要的意义之一是预测。因为数据从根本上讲，是对过去和现在的归纳。虽然其本身不具备趋势和方向性的特征，但是可以应用大数据去了解事物发展的客观规律、了解人类未来的某些行为，并且能够帮助我们改变过去的思维方式，建立新的数据思维模型，进行预测和推测。比如，商业公司对消费者日常的购买行为和商品使用习惯进行统计，便可以很容易地了解到消费者的需求，从而改进已有商品并适时推出新的商品，进一步提高消费者的购买欲。再比如，知名互联网公司 Google 对其用户每天频繁搜索的词汇进行数据挖掘，从而进行相关的广告推广和商业研究。

近年来，各国和全球学术界也都掀起了一场大数据技术革命，纷纷积极研究大数据的相关技术。很多国家都把大数据技术研究上升到了国家战略高度，提出了一系列的大数据技术研究计划，从而推动政府、机构、学术界、相关行业和各类企业对大数据技术的积极探索和研究。

可以说，作为一种宝贵的战略资源，大数据的潜在价值和增长速度正在改变着人类的工作、生活和思维方式。可以想象，在未来，各行各业都会积极"拥抱"大数据，积极探索数据挖掘和分析的新技术、新方法，从而更好地利用大数据。

当然，我们也必须清楚，大数据并不能主宰一切。利用大数据虽然能够发现"是什么"，却不能说明"为什么"。大数据提供的是一些描述性的信息，而创新仍需要人类自己来实现。

任务 1.2　了解大数据的应用场景

【知识链接】

近年来，大数据不断向各行各业渗透，影响着我们的衣食住行。例如，网上购物时，经常会发现电子商务门户网站向我们推荐商品，往往这类商品都是我们最近购买的。这是因为用户上网行为轨迹的相关数据被搜集、记录，并通过大数据分析，使用推荐系统将用户可能需要的商品进行推荐，从而达到精准营销的目的。下面简单介绍几种大数据的应用场景。

1.2.1　医疗行业的应用

大数据让看病更简单。过去，患者的治疗方案大多是通过医生的经验制定的，优秀的医生固然能够为患者提供好的治疗方案，但由于医生的水平各不相同，所以很难保证患者都能够接受最佳的治疗方案。随着大数据技术与医疗行业的深度融合，将积累海量的病例、病例报告、治愈方案、药物报告等信息资源。所有常见的病例、既往病例等都记录在案。医生通过参考有效、连续的诊疗记录，便能够很容易地给患者制定优质、合理的诊疗方案。这样不仅可以大幅提高医生的看病效率，而且能够降低误诊率，从而让患者享受更优质的医疗服务。下面列举一些大数据在医疗行业的应用案例。

（1）优化治疗方案，提供最佳治疗方案。面对数目及种类众多的病菌、病毒以及肿瘤细胞时，疾病的确诊和治疗方案的确定越来越困难。借助大数据平台，可以搜集不同人的疾病特征、病例和治疗方案，从而建立医疗行业的病人分类数据库。如果未来基因技术发展成熟，可以根据病人的基因序列特点进行分类，建立更精准的病人分类数据库。医生诊断病人时，可以参考病人的疾病特征、化验报告和检测报告，依据疾病数据库快速帮助病人确诊，准确地定位疾病。在制定治疗方案时，医生可以依据病人的基因序列特点调取与之具有相似基因、年龄、人种、身体情况的病人的治疗方案，有效制定出适合病人的治疗方案，帮助更多病人及时、准确地进行治疗。同时这些数据也有利于医药行业研发出更加有效的药物和医疗器械。

（2）有效预防、预测疾病。减少人们患病痛苦，最简单的方式之一就是防患于未然。未来健康服务管理的新趋势，即通过大数据技术，对群众的人体数据进行监测，将各自的健康数据、生命体征指标都集合在数据库和健康档案中，并通过大数据分析，推动覆盖全生命周期的预防、治疗康复和健康管理。当然，这一点不仅需要医疗机构加快大数据建设，还需要群众定期去做检查，及时更新数据，以便通过大数据来预防和预测疾病的发生，做到早治疗、早康复。当然，随着大数据技术的不断发展，以及在各个领域的应用，一些大规模流感也能够通过大数据实现预测。

1.2.2　金融行业的应用

随着大数据技术的发展，越来越多的金融企业也开始投身到大数据应用实践中。麦肯锡的一份研究报告显示，金融行业在大数据价值潜力指数中排名第一。下面列举若干大数据在金融行业的典型应用。

（1）精准营销。银行在互联网的冲击下，迫切需要掌握更多客户信息，继而构建客户的360°立体画像，从而可对细分的客户开展精准营销、实时营销等个性化智慧营销。

（2）风险管控。应用大数据平台，可以统一管理金融企业内部多源异构数据和外部征信数据，更好地完善风控体系，不仅可以从内部保证数据的完整性与安全性，还可以从外部控制用户风险。

（3）决策支持。通过大数据分析方法改善经营决策，为管理层提供可靠的数据支撑，从而使经营决策更高效、敏捷、精准。

（4）服务创新。通过对大数据的应用，改善与客户之间的交互方式、增加用户黏性，为个人与政府提供增值服务，不断增强金融企业业务核心竞争力。

（5）产品创新。通过高端数据分析和综合化数据分享，有效对接保险、信托、基金等各类金融产品，使金融企业能够从其他领域借鉴并创造出新的金融产品。

1.2.3　零售行业的应用

美国零售行业曾经有这样一个传奇故事，沃尔玛将尿布和啤酒并排放在一起销售，结果尿布和啤酒的销量双双增长！为什么看起来风马牛不相及的两种商品搭配在一起，能获得如此惊人的效果呢？原来，经过沃尔玛管理人员的分析发现，对于大多数已婚男士，在为小孩购买尿布的同时，也会为自己购买一些啤酒。发现这个"秘密"后，沃尔玛就大胆地将啤酒摆放在尿布旁边，这样顾客购买的时候更方便，销量自然也会大幅上升。"啤酒与尿布"这个例子告诉我们，挖掘大数据潜在的价值，是零售行业的核心竞争力。大数据在零售行业的创新应用如下。

（1）精准定位零售行业市场。企业想开拓某一区域零售行业市场，首先要进行项目评估和可行性分析，只有通过项目评估和可行性分析才能最终决定是否开拓这块市场。通常要分析这个区域流动人口的数量、消费水平、消费习惯、对产品的认知度，以及当前的市场供需情况等。这些问题背后包含的海量信息，构成了零售行业市场调研的大数据，对这些海量数据分析的过程就是精确定位市场的过程。

（2）支撑企业收益管理。大数据时代的来临，为企业收益管理工作的开展提供了更加广阔的空间。需求预测、细分市场和敏感度分析对数据需求量都非常大，而传统的数据分析大多采集的是企业自身的历史数据来进行预测和分析，容易忽视整个零售行业的信息数据，因此难免使预测结果存在偏差。企业在实施收益管理的过程中如果能在自有数据的基础上，依靠一些自动化信息采集软件来收集更多的零售行业数据，了解更多的零售行业市场信息，将会对制定准确的收益策略、获得更高的收益起到推进作用。

（3）挖掘零售行业新需求。作为零售企业，如果能对网上零售行业的评论数据进行收集，建立"网评"大数据库，然后利用分词、聚类、情感分析了解消费者的消费行为、价值取向、评论，并从中掌握新消费需求和企业产品质量问题，进而改进和创新产品，量化产品价值，制定合理的价格及提高服务质量，最终获取更大的收益。

任务 1.3　了解 Hadoop

【知识链接】

Hadoop 是一个开源的分布式计算和分布式存储平台，是大数据处理的一个基础架构，用来实现使用简单的编程模型，完成跨计算机集群分布式处理大型数据集的功能。

伴随大数据技术的普及，Hadoop 作为数据分布式处理系统的典型代表，因其开源的特点和卓越的性能，已经成为该领域事实的标准，并随着开源社区和众多国际技术厂商对这一开源技术的积极支持与持续的大量投入，Hadoop 已被拓展到越来越多的应用领域。

1.3.1　Hadoop 的发展历程

随着数据的快速增长，数据的存储和分析变得越来越困难，存储容量、读写速度、计算效率等都无法满足用户的需求。为了解决这些问题，Google 公司提出了以下 3 种大数据处理的技术手段。

* MapReduce：分布式并行计算框架。作为一种编程模型，被用于大规模数据集（大于 1TB）的并行运算。
* BigTable：分布式数据存储系统。作为一种非关系数据库，可用来快速、可靠地处理 PB 级别的数据，并且能够部署到上千台计算机上。
* GFS：可扩展的分布式文件系统。作为一种可运行于廉价的普通硬件上且能提供容错功能的系统，可以给用户提供总体性能较高的文件管理服务。

这三大"革命性"技术，不仅可以大大降低企业数据处理成本，而且可以极大简化并行分布式计算。具体表现在：

（1）成本降低，能用 PC（Personal Computer，个人计算机），就不用大型机和高端存储；

（2）软件容错\硬件故障视为常态，通过软件保证可靠性；

（3）简化并行分布式计算，无须控制节点同步和数据交换。

2003—2004 年，Google 公司陆续公布了部分 GFS（Google File System，谷歌文件系统）和 MapReduce 的计算细节。据此，开源搜索引擎项目 Nutch 的创始人 Doug Cutting（道格·卡廷）受到启发，实现了 DFS（Distributed File System，分布式文件系统）和 MapReduce 机制，使 Nutch 的搜索性能飙升。2005 年，Nutch 中的一部分被正式引入 Apache 软件基金会，随后便从 Nutch 中剥离，成为一套完整、独立的软件，被命名为 Hadoop。

据说 Hadoop 这个名字来源于创始人 Doug Cutting 儿子的大象毛绒玩具，因此 Hadoop 的 Logo 形象如图 1-1 所示。

图 1-1　Hadoop 的 Logo 形象

目前，Hadoop 已经正式成为 Apache 顶级项目，俨然已经处于大数据处理技术的核心地位。下面回顾一下 10 余年来 Hadoop 的主要发展历程。

- 2008 年 1 月，Hadoop 成为 Apache 顶级项目。
- 2008 年 6 月，Hadoop 的第一个 SQL（Structure Query Language，结构查询语言）框架 Hive 成为 Hadoop 的子项目。
- 2009 年 7 月，MapReduce 和 HDFS（Hadoop Distributed File System，Hadoop 分布式文件系统）成为 Hadoop 项目的独立子项目。Avro 和 Chukwa 成为 Hadoop 新的子项目。
- 2010 年 5 月，Avro 和 HBase 脱离 Hadoop 项目，成为 Apache 顶级项目。
- 2010 年 9 月，Hive 和 Pig 脱离 Hadoop 项目，成为 Apache 顶级项目。
- 2010—2011 年，扩大的 Hadoop 社区开始建立大量的新组件（如 Crunch、Sqoop、Flume、Oozie 等）来扩展 Hadoop 的使用场景和可用性。
- 2011 年 1 月，ZooKeeper 脱离 Hadoop 项目，成为 Apache 顶级项目。
- 2011 年 12 月，Hadoop 1.0.0 发布，标志着 Hadoop 已经初具生产规模。
- 2012 年 5 月，Hadoop 2.0.0-Alpha 发布，这是 Hadoop 2.x 系列中第一个（Alpha）版本。与之前的 Hadoop 1.x 系列相比，Hadoop 2.x 中加入了 YARN，YARN 也成为 Hadoop 的子项目。
- 2012 年 10 月，Impala 加入 Hadoop 生态圈。
- 2013 年 10 月，Hadoop 2.0.0 发布，Hadoop 正式进入 "MapReduce 2.0 时代"。
- 2014 年 2 月，Spark 开始代替 MapReduce 成为 Hadoop 的默认计算引擎，并成为 Apache 顶级项目。
- 2017 年 12 月，继 Hadoop 3.0.0 的 4 个 Alpha 版本和 1 个 Beta 版本后，第一个可用的 Hadoop 3.0.0 发布。
- 2022 年 7 月，Apache 发布了 Hadoop 3.2 系列的第三个稳定版本 3.2.4，继续完善和增强 Hadoop 的功能。

1.3.2　Hadoop 的优势

作为分布式计算平台，Hadoop 不仅能够处理海量数据，而且能对数据进行快速分析。与其他大数据处理平台相比，经过 10 余年发展的 Hadoop 具备以下几个明显优势。

（1）扩容能力强。Hadoop 是一个高度可扩展的存储平台，可以存储和分发跨越数百个并行操作的廉价服务器数据集群。与传统关系数据库无法处理海量数据不同，Hadoop 给企业提供的应用程序能在数据节点上运行成百上千 GB 甚至更多的数据。

（2）成本低。Hadoop 为企业用户提供了可缩减成本的存储解决方案。通过普通、廉价的机器组成服务器集群来分发处理数据，普通用户也很容易在自己的 PC 上搭建 Hadoop 运行环境，从而大幅降低用户的使用成本。

（3）效率高。Hadoop 能够并发处理数据，且处理效率非常高。Hadoop 能够在节点之间动态地移动数据，同时保证各个节点的动态平衡。

（4）高可靠性。Hadoop 可自动维护多份数据副本。当计算任务失败时，Hadoop 能够针对失败的节点重新进行分布处理，从而保证即使在使用过程中出现故障节点，Hadoop 依然能够正常提供数据服务。

（5）容错能力强。Hadoop 的一个关键优势就是容错能力强，当数据被发送到一个单独的节点时，该数据也同时被复制到集群的其他节点上。这就保证在故障发生时，Hadoop 可提供另一个数据副本使用。

1.3.3 Hadoop 的生态体系

随着 Hadoop 的不断发展，Hadoop 的生态也越来越完善，如今已经发展成一个庞大的生态体系，如图 1-2 所示。

图 1-2　Hadoop 的生态体系

从图 1-2 中可以看出，Hadoop 生态体系包含很多子系统。下面介绍一些常见的子系统。

1. HDFS

HDFS 是 Hadoop 生态系统的核心项目之一，是分布式计算中数据存储管理的基础。HDFS 具有高容错性的数据备份机制，能自动检测和应对硬件故障，并可以在低成本的通用硬件上运行。另外，HDFS 具备流式数据访问的特点，提供高吞吐量应用程序数据访问功能，适合带有大型数据集的应用程序。

2. MapReduce

MapReduce 是一种计算模型，可用于大规模数据集（大于 1TB）的并行运算。"Map"实现对数据集上的独立元素进行指定的操作，生成键值对形式的中间结果；"Reduce"则对中间结果中相同"键"的所有"值"进行规约，从而得到最终结果。MapReduce 这种"分而治之"的思想，可极大方便编程。开发人员可以在不会分布式并行编程的情况下，将自己的程序运行在分布式系统上。

3. YARN

YARN（Yet Another Resource Negotiator，另一种资源协调者）是 Hadoop 2.0 中的资源管理器，可为上层应用提供统一的资源管理和调度。YARN 的引入，为集群在利用资源统一管理和数据共享等方面带来巨大好处。

4. Sqoop

Sqoop 是一款开源的数据导入/导出工具，主要用于在 Hadoop 与传统关系数据库之间进行数据转换。Sqoop 使数据迁移变得非常方便，不仅可以将关系数据库（如 MySQL、Oracle 等）中的数据导入 Hadoop 的 HDFS，也可以将 HDFS 的数据导出到关系数据库。

5. Mahout

Mahout 是 Apache 旗下的一个开源项目，它提供了一些可扩展的机器学习领域经典算法的实现，旨在帮助开发人员更加方便、快捷地创建智能应用程序。Mahout 包含许多实现，包括聚类、分类、推荐过滤、频繁子项挖掘等。此外，通过使用 Apache Hadoop 库，Mahout 可以有效地扩展到云中。

6. HBase

HBase 是 Google 公司 BigTable 克隆版，是一个针对结构化数据的可伸缩、高可靠、高性能、分布式和面向列的动态模式数据库。与传统关系数据库不同，HBase 采用了 BigTable 的数据模型——增强的稀疏排序映射表（Key/Value）。其中键由行关键字、列关键字和时间戳构成。HBase 提供了对大规模数据的随机、实时读写访问，同时 HBase 中保存的数据可以使用 MapReduce 来处理，可将各数据存储和并行计算完美地结合在一起。

7. ZooKeeper

ZooKeeper 是一个开放源码的分布式应用程序协调服务，是 Google 公司的 Chubby 的一个开源实现，是 Hadoop 和 HBase 的重要组件。作为一个为分布式应用程序提供一致性服务的软件，ZooKeeper 提供的功能包括配置维护、域名服务、分布式同步、组服务等，用于构建分布式应用程序，可减少分布式应用程序所承担的协调任务。

8. Hive

Hive 是基于 Hadoop 的一个分布式数据仓库工具，可以将结构化的数据文件映射为一张数据库表，将 SQL 语句转换为 MapReduce 任务来运行。其优点是操作简单、学习成本低，可以通过类 SQL 语句快速实现简单的 MapReduce 统计，不必开发专门的 MapReduce 应用，十分适合数据仓库的统计分析。

9. Flume

Flume 是 Cloudera 公司提供的一个高可用、高可靠的，分布式海量日志采集、聚合和传输的系统。Flume 支持在日志系统中定制各类数据发送方来收集数据；同时，Flume 提供对数据进行简单处理，并写到各种数据接收方（可定制）的功能。

10. Pig

Pig 是基于 Hadoop 的一个数据处理框架。与 MapReduce 相比，Pig 为大型数据集的处理提供了更高层次的抽象，也提供了更丰富的数据结构，一般都是多值和嵌套的数据结构。Pig 还提供了一套更强大的数据变换操作，包括在 MapReduce 中被忽视的 Join 操作。

11. Oozie

Oozie 是一个用来管理 Hadoop 生态圈的工作流调度系统。其目的是按照 DAG（Directed Acyclic Graph，有向无环图）调度一系列的 Map/Reduce 或者 Hive 等任务。

1.3.4　Hadoop 的版本

Hadoop 发行版本分为开源社区版和商业版。开源社区版 Hadoop 是指由 Apache 软件基金会维护的版本，是官方维护的版本体系。商业版 Hadoop 是指由第三方商业公司在开源社区版 Hadoop 基础上进行了一些修改、整合以及各个服务组件兼容性测试而发行的版本，比较著名的是 Cloudera 公司的 Cloudera's Distribution Including Apache Hadoop 版本。

为方便学习，本书采用开源社区版。而 Hadoop 自诞生以来，主要分为 Hadoop 1.x、Hadoop 2.x 和 Hadoop 3.x 这 3 个系列的多个版本。由于目前市场上非常流行的是 Hadoop 2.x，因此，本书只针对 Hadoop 2.x 进行相关介绍。

Hadoop 2.x 指的是第 2 代 Hadoop，其从 Hadoop 1.x 发展而来，并且相对于 Hadoop 1.x 来说，有很多改进。下面从 Hadoop 1.x 到 Hadoop 2.x 发展的角度，对两个版本系列的区别进行说明，如图 1-3 所示。

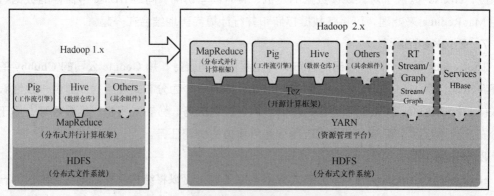

图 1-3　Hadoop 1.x 和 Hadoop2.x 区别

通过图 1-3 可以看出，Hadoop1.x 主要由 HDFS 和 MapReduce 两个系统以及 Pig、Hive 等组件组成。与 Hadoop1.x 相比，Hadoop2.x 在此基础上，还新增了 YARN、Tez、流计算框

架 Stream/Graph、数据库 HBase 等组件。

在 Hadoop 1.x 中，HDFS 与 MapReduce 组成结构分别如图 1-4 和图 1-5 所示。

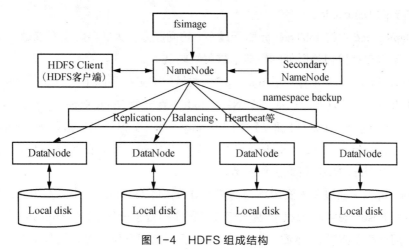

图 1-4　HDFS 组成结构

从图 1-4 可以看出，HDFS 由一个 NameNode（名称节点）和多个 DataNode（数据节点）组成，其中 DataNode 通过副本（Replication）、负载均衡（Balancing）和心跳（Heartbeat）等机制完成数据的存储以及与 NameNode 的通信；NameNode 决定将数据具体存储到哪个 DataNode 节点；Secondary NameNode 为 NameNode 的命名空间提供支持（namespace backup）。

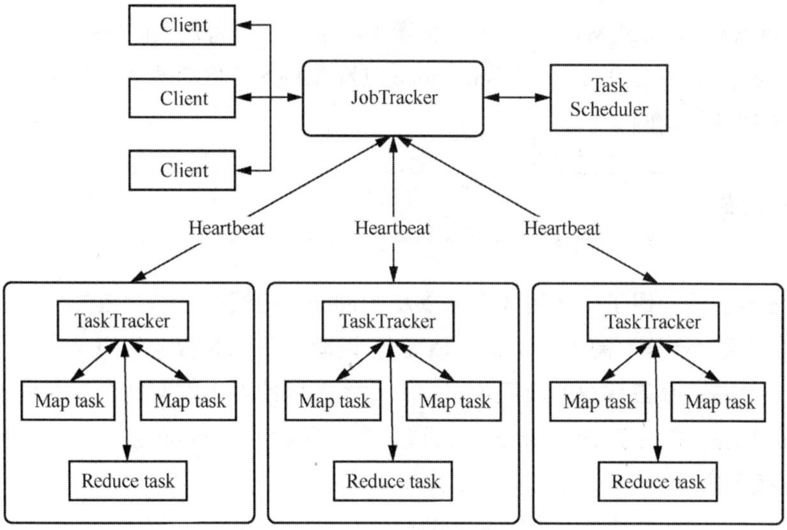

图 1-5　MapReduce 组成结构

从图 1-5 可以看出，MapReduce 由一个 JobTracker 和多个 TaskTracker 组成。JobTracker 与 TaskTracker 在 MapReduce 中的角色就像项目经理与开发人员，JobTracker 负责接收用户提交的计算任务，将计算任务分配给 TaskTracker 执行、跟踪，同时监控 TaskTracker 的任务执行状况等；而 TaskTracker 只负责执行 JobTracker 分配的计算任务。正是由于这种机制，Hadoop 1.x 架构中的 HDFS 和 MapReduce 存在以下缺陷。

（1）首先，HDFS 中的 NameNode、Secondary NameNode 易发生单点故障，风险比较大。其次，NameNode 内存受限不好扩展，因为 Hadoop 1.x 中的 HDFS 只有一个 NameNode，并且要管理所有的 DataNode。

（2）MapReduce 中的 JobTracker 职责过多，访问压力太大，会影响系统稳定。除此之外，MapReduce 难以支持除自身以外的框架，扩展性较低。

为弥补 Hadoop 1.x 中的缺陷，Hadoop 2.x 对其架构进行了以下改进。

（1）Hadoop 2.x 可以同时启动多个 NameNode。当一个 NameNode 处于工作（Active）状态时，另一个 NameNode 处于随时待命（Standby）状态。这种机制被称为 Hadoop HA（即 Hadoop 高可用）。当一个 NameNode 所在的服务器宕机时，可以在数据不丢失的情况下，自动切换到另一个 NameNode 持续提供服务。

（2）Hadoop 2.x 通过引入资源管理框架 YARN，将 JobTracker 中的资源管理和作业控制分开，分别由 ResourceManager（负责所有应用程序的资源分配）和 ApplicationMaster（负责管理一个应用程序）实现。YARN 是一个通用的资源管理框架，可以为各类应用程序进行资源管理和调度，并不局限于 MapReduce 这一种框架，也可以为其他框架使用，如 Tez、Spark、Storm 等。这种设计不仅能够增强不同计算模型和各种应用程序之间的交互，使集群资源得到高效利用，而且能更好地与企业中已经存在的计算结构集成在一起。

（3）Hadoop 2.x 中的 MapReduce 是运行在 YARN 上的离线处理框架，它的运行环境不再由 JobTracker 和 TaskTracker 等服务组成，而变成通用资源管理框架 YARN 和作业控制进程 ApplicationMaster，从而使 MapReduce 在速度和可用性上都有很大的提高。

关于 Hadoop 2.x 中的 HDFS、MapReduce 以及 YARN，将随着学习的深入，在后续工作任务中进行更详细的说明。

任务小结

本工作任务主要介绍了什么是大数据以及 Hadoop 的相关概念。首先，分析了大数据的"5V"特征（大量、多样、高速、价值、精准），说明了研究大数据的意义。其次，介绍了大数据在医疗、金融、零售行业的应用场景，利用大数据技术可以帮助企业提升收益。最后，通过 Hadoop 概述，介绍了 Hadoop 的来源以及发展历程、Hadoop 生态圈各个系统的主要功能、Hadoop 版本情况。

课后习题

一、填空题

1. 大数据的"5V"特征包含＿＿＿＿、＿＿＿＿、＿＿＿＿、＿＿＿＿、＿＿＿＿。

2. Hadoop 三大组件包含＿＿＿＿、＿＿＿＿、＿＿＿＿。

3. Hadoop 2.x 中的 HDFS 由＿＿＿＿、＿＿＿＿、＿＿＿＿组成。

4. Hadoop 发行版本分为_____、_____。

5. 目前 Apache Hadoop 发布的版本主要有_____、_____、_____。

二、判断题

1. Cloudera CDH 是需要付费使用的。 （　　）

2. JobTracker 是 HDFS 中的重要角色。 （　　）

3. 在 Hadoop 集群中，NameNode 负责管理所有 DataNode。 （　　）

4. 在 Hadoop 1.x 中，MapReduce 程序运行在 YARN 集群之上。 （　　）

5. Hadoop 是由 Java 语言开发的。 （　　）

三、选择题

1. 以下选项中，（　　）程序负责 HDFS 数据存储。

    A. NameNode   B. DataNode

    C. Secondary NameNode   D. ResourceManager

2. 以下选项中，（　　）是 Hadoop 中用于大规模数据集并行运算的组件。

    A. HDFS   B. MapReduce

    C. Hive   D. Sqoop

四、简答题

1. 简述研究大数据的意义。

2. 简述 Hadoop 1.x 与 Hadoop 2.x 的区别。

相关阅读——"第七次全国人口普查"中的大数据技术应用

全面查清我国人口数量、结构、分布、城乡住房等方面情况，将为完善人口发展战略和政策体系，促进人口长期均衡发展，科学制定国民经济和社会发展规划，推动经济高质量发展，开启全面建设社会主义现代化国家新征程，向第二个百年奋斗目标进军，提供科学准确的统计信息支持。

2019 年 11 月，国务院印发《关于开展第七次全国人口普查的通知》。根据《中华人民共和国统计法》和《全国人口普查条例》规定，国务院决定于 2020 年开展第七次全国人口普查。

第七次全国人口普查亮点如下。

此次普查主要调查人口和住户的基本情况，内容包括：姓名、公民身份证号码、性别、年龄、民族、受教育程度、行业、职业、迁移流动、婚姻生育、死亡、住房情况等。

此次普查采取电子化方式开展普查登记，探索使用智能手机采集数据。

依托云计算、大数据等核心技术和能力，此次全国人口普查应用了更加智能化、高效率的电子化普查登记方式。2021 年 5 月 11 日，第七次全国人口普查结果公布，全国共 141178 万人。

可见，大数据计算已经融入国家社会、经济、民生等各个领域。

工作任务2
搭建Hadoop集群

02

任务概述

"磨刀不误砍柴工"，要想深入学习和掌握 Hadoop 的相关应用，首先，必须学会搭建一个属于自己的 Hadoop 集群。在个人学习的实验环境中，常常将集群搭建在虚拟机上。因此，本工作任务首先在预备知识中介绍集群和虚拟机的基础知识；其次，带领大家从如何安装虚拟机开始，学习如何克隆虚拟机、如何进行虚拟机的相关设置；最后，在所创建的虚拟机上，搭建一个简单的 Hadoop 集群，体验 Hadoop 集群的简单使用。

学习目标

1. 知识目标
- 了解 Linux 系统的网络配置和 SSH 配置。
- 了解 Hadoop 集群的集群模式。

2. 技能目标
- 掌握虚拟机的安装和克隆方法。
- 掌握 Hadoop 集群的搭建和配置方法。
- 掌握 Hadoop 集群的测试方法。

3. 素养目标

深化知识造就强国的意识。

预备知识——集群和虚拟机

1. 集群

集群是一组相互独立的、通过高速网络互联的计算机，它们在构成一个组的同时，对外提供统一的地址，并以单一系统的模式加以管理。一个客户与集群相互作用时，集群就像一个独立的服务器。

集群技术是一种通用的技术，其目的是弥补单机运算能力的不足和 I/O 能力的不足、提高服务的可靠性、获得规模可扩展能力、降低整体方案的运维成本（运行、升级、维护成本）。只要在其他技术不能达到以上的目的，或者虽然能够达到以上的目的，但是成本过高的情况下，就可以考虑采用集群技术。可见，与传统的高性能计算机技术相比，集群技术可以利用各档次的服务器作为节点，不仅可以实现很高的运算速度，完成大运算量的计算，具有较高的响应能力，而且系统造价低，能够很好地满足当今日益增长的信息服务需求。

集群技术主要的特点如下。

- 通过多台计算机完成同一个工作，可达到更高的效率。
- 成本相对较低。
- 两机或多机内容、工作过程等完全一样。若其中一台计算机宕机，另一台计算机启动后，可起到相同作用。

2. 虚拟机

作为一种特殊软件，虚拟机（Virtual Machine，VM）可以在计算机平台和终端用户之间创建一种环境，使终端用户基于该环境进行软件操作。在计算机科学中，虚拟机是指可以像真实机器一样运行程序的计算机软件系统。

虚拟机技术是虚拟化技术的一种。虚拟化技术是将事物从一种形式转变成另一种形式的技术。比如，操作系统中内存虚拟化技术，是指将用户一部分硬盘虚拟化为内存，从而产生在计算机实际运行时用户需要的内存空间可能远远大于物理机器的内存的情况，而这种转换对用户是透明的。又如，可以利用虚拟专用网络（Virtual Private Network，VPN），在公共网络中虚拟化一条安全、稳定的"隧道"，使用户感觉像是使用私有网络一样。

虚拟机技术最早由 IBM 于二十世纪六七十年代提出，被定义为硬件设备的软件模拟系统。通常的使用模式是分时共享昂贵的大型机。虚拟机技术的核心是虚拟机监视器（Virtual Machine Monitor，VMM），它是一层位于操作系统和计算机硬件之间的代码，用来将硬件平台分割成多个虚拟机。VMM 运行在特权模式下，主要作用是隔离并且管理上层运行的多个虚拟机，仲裁它们对底层硬件的访问，并为每个客户操作系统虚拟一套独立于实际硬件的虚拟硬件环境（包括处理器、内存、I/O 设备）。VMM 采用某种调度算法（如采用时间片轮转调度算法）在各个虚拟机之间共享 CPU（Central Processing Unit，中央处理器）。

常用的虚拟机软件是 VMware Workstation，通常被称为 VMware 软件。该软件的特点如下。

- 可同时在同一台 PC 上运行多个操作系统，每个操作系统都有自己独立的虚拟机，就如同网络上一台台独立的 PC。
- 在 Windows NT/2000 上同时运行两个虚拟机，相互之间可以进行对话，也可以在全屏方式下进行虚拟机之间的对话，不过此时另一台虚拟机在后台运行。
- 在虚拟机上安装同一种操作系统的另一个发行版，不需要重新对硬盘进行分区。
- 虚拟机之间共享文件、应用、网络资源等。
- 可以运行 C/S（Client/Server，客户/服务器）方式的应用，也可以在同一台计算机上，使用另一台虚拟机的所有资源。

任务 2.1 安装虚拟机

🔍【任务描述】

使用 VMware 软件创建一个 Linux 系统（CentOS 7）的虚拟机。

📖【知识链接】

2.1.1 VMware 软件

VMware 公司是"虚拟 PC"软件公司，能提供服务器、桌面虚拟化解决方案。

VMware 软件原生集成计算、网络和存储虚拟化技术及自动化和管理功能，支持企业革新其基础架构、自动化 IT 服务的交付和管理及运行新式云原生应用和基于微服务的应用，使数据中心具备云服务提供商的敏捷性和经济性，并扩展到弹性混合云环境。

VMware 产品主要的功能如下。

（1）不需要分区或重开机就能在同一台 PC 上使用两种以上的操作系统。

（2）完全隔离并且保护不同操作系统的操作环境以及所有安装在操作系统上面的应用软件和资料。

（3）不同的操作系统之间能互动操作。

（4）有复原（Undo）功能。

（5）能够设定并且随时修改操作系统的操作环境，如内存、磁盘空间、周边设备等。

（6）热迁移，高可用性。

2.1.2 Linux 操作系统

Linux，全称为 GNU/Linux，是一种免费使用和自由传播的类 UNIX 操作系统。作为一种性能稳定、开源的操作系统，Linux 得到了来自全世界软件爱好者、组织、公司的支持。随着互联网的发展，Linux 除在服务器方面保持着强劲的发展势头以外，在 PC、嵌入式系统上都有着长足的进步。

Linux 具有开放源码、没有版权、技术社区用户多等特点，开放源码使得用户可以自由裁剪，且其灵活性高、功能强大、成本低。使用者不仅可以直观地获取 Linux 的实现机制，而且可以根据自身的需求来修改和完善 Linux，使其更好地满足用户的需求。

Linux 操作系统是一个大类别，Linux 操作系统主流发行版本包括：Red Hat Linux、CentOS、Ubuntu、SUSE Linux、Fedora Linux 等。目前，在大部分实验环境下，Hadoop 多安装在 CentOS 和 Ubuntu 这两个版本中。

1. CentOS

社区企业操作系统（Community Enterprise Operating System，CentOS）是 Linux 发行版"领头羊"Red Hat Enterprise Linux（以下称为 RHEL）的再编译版本（即再发行版本），而且在 RHEL 的基础上修正了不少已知的 bug，相对于其他 Linux 发行版，具有更强的稳定性。

CentOS 是免费的，主要通过社区的官方邮件列表、论坛和聊天室获得技术支持。每个版本的 CentOS 都会通过安全更新的方式获得 10 年的技术支持。新版本的 CentOS 大约每两年发行一次。每个版本的 CentOS 会定期（大概每 6 个月）更新一次，以便支持新的硬件，从而建立一个安全、低维护性、稳定、高预测性、高重复性的 Linux 环境。

CentOS 7 是 CentOS 项目发布的一个企业级的 Linux 发行版本。2020 年 11 月，CentOS 7 正式版推出该系列最终版本 CentOS 7.9.2009。

2. Ubuntu

Ubuntu 是一个以桌面应用为主的 Linux 操作系统，其名称来自非洲南部祖鲁语或豪萨语的"ubuntu"（译为吾帮托或乌班图）一词，意思是"人性""我的存在是因为大家的存在"，是非洲传统的一种价值观。

Ubuntu 基于 Debian 发行版和 GNOME 桌面环境，Ubuntu 发行版操作系统的目标在于为一般用户提供一个最新的、稳定的、以开放自由软件构建而成的操作系统。目前，Ubuntu 具有庞大的社区力量，用户可以方便地从社区获得帮助。

Ubuntu 22.04 LTS 版于 2022 年 4 月发布，并将提供免费安全和维护更新至 2027 年 4 月。

2.1.3　Hadoop 集群

Hadoop 是一个用于处理大数据的分布式集群架构，支持在 Linux 系统以及 Windows 系统上进行安装和使用。在实际开发中，由于 Linux 系统的便捷性和稳定性，更多的 Hadoop 集群是在 Linux 系统上运行的，因此本书主要针对 Linux 系统上 Hadoop 集群的搭建和使用进行讲解。

Hadoop 集群的搭建涉及多台计算机，而在日常学习和个人开发测试过程中，这显然是不可行的。为此，可以使用虚拟机软件（如 Vmware Workstation）在同一台计算机上构建多个 Linux 虚拟机环境，从而进行 Hadoop 集群的学习和个人开发测试。

【任务实施】

（1）根据说明下载并安装好 VMware Workstation 软件（本书以 VMware Workstation 15 为例，该软件的下载和安装非常简单，具体可以查阅相关资料）。安装成功后打开 VMware Workstation，其界面如图 2-1 所示。

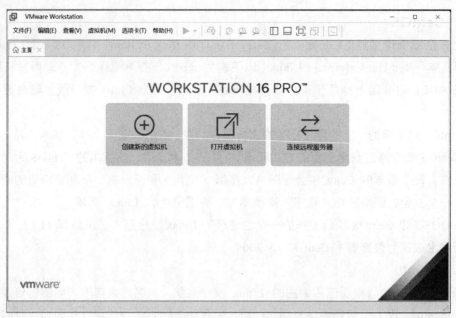

图 2-1　VMware Workstation 界面

（2）在图 2-1 中，单击"创建新的虚拟机"按钮进入新建虚拟机向导，根据安装向导使用默认安装方式连续单击"下一步"按钮，进入选择安装来源的界面，选择"安装程序光盘映像文件(iso)"，如图 2-2 所示。

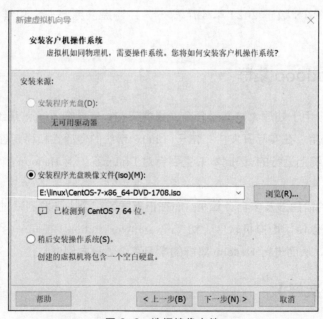

图 2-2　选择镜像文件

（3）在图 2-2 中单击"浏览"按钮，选择镜像文件后单击"下一步"按钮，然后输入虚拟机名称，选择虚拟机的安装位置，如图 2-3 所示。

图 2-3　输入虚拟机名称

（4）在图 2-3 中单击"下一步"按钮，打开指定磁盘容量界面，默认即可，然后单击"下一步"按钮，进入"已准备好创建虚拟机"界面，可以查看当前要创建虚拟机的参数，如图 2-4 所示。

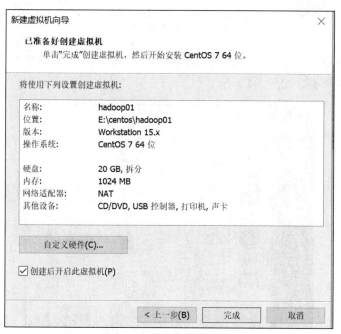

图 2-4　"已准备好创建虚拟机"界面

（5）在图 2-4 中，单击"完成"按钮，进入虚拟机安装界面，首先单击虚拟机区域，然后使用键盘的上下键选择第一项 Install CentOS 7，如图 2-5 所示。

图 2-5　虚拟机安装界面

（6）在图 2-5 中，按 Enter 键，会自动进行安装，然后进入选择语言界面，如图 2-6 所示。

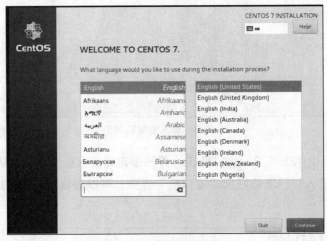

图 2-6　选择语言界面

（7）在图 2-6 中，选择语言（这里默认选择第一项 English），然后单击"Continue"按钮，进入安装信息摘要界面，如图 2-7 所示。

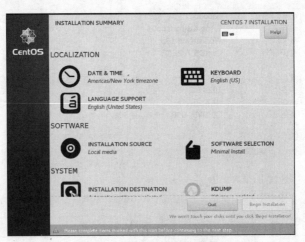

图 2-7　安装信息摘要界面

（8）在图 2-7 中，选择"DATE & TIME"进入日期和时间设置界面，时区选择 Asia，Shanghai，时间和日期设为当前时间和日期，如图 2-8 所示。

图 2-8　日期和时间设置界面

（9）在图 2-8 中，单击左上角的"Done"按钮，返回安装信息摘要界面，选择"SYSTEM"下的"INSTALLATION DESTINATION"，进入安装目标位置界面，该界面显示虚拟机要安装的设备信息，如图 2-9 所示。

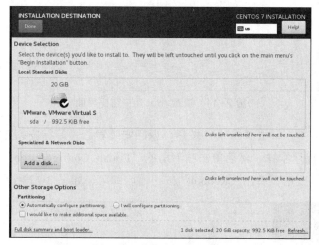

图 2-9　安装目标位置界面

（10）在图 2-9 中，确认无误后单击左上角的"Done"按钮，再次返回安装信息摘要界面，然后单击右下角的"Begin Installation"按钮，进入安装界面，如图 2-10 所示。

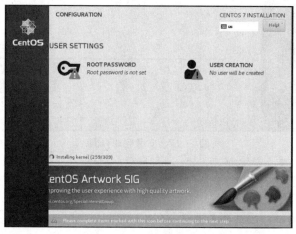

图 2-10　安装界面

（11）在图 2-10 中，下方的进度条显示正在安装中。与此同时，单击"USER SETTINGS"下的"ROOT PASSWORD"，打开设置 root 用户密码界面，输入两次密码，如图 2-11 所示。需要注意的是，为了防止遗忘密码，应设置容易记忆的密码。

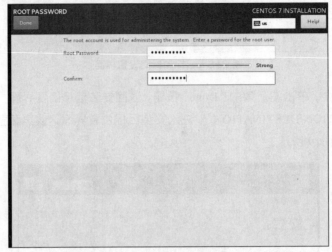

图 2-11　设置 root 用户密码界面

（12）在图 2-11 中，单击"Done"按钮，返回安装界面，等待安装完成。安装完成后会有"Complete!"的提示字样，然后单击右下角的"Finish Configuration"按钮，当配置完成后会出现"Reboot"按钮，单击"Reboot"按钮重启即可，如图 2-12 所示。

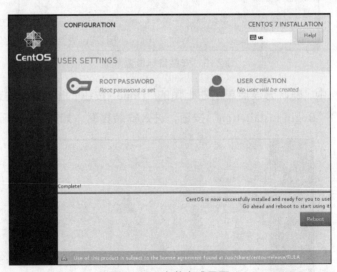

图 2-12　安装完成界面

为了规范后续相关软件的安装，在虚拟机的根目录下创建一些文件夹，具体如下。

- /data：用来存放数据文件。
- /servers：用来存放服务类软件。
- /software：用来存放安装文件。

任务 2.2　克隆虚拟机

【任务描述】

目前已经成功安装好了一台搭载 CentOS 镜像文件的 Linux 虚拟机，而根据前面集群的知识，为了搭建 Hadoop 集群，我们需要多台虚拟机。为了提高虚拟机的安装效率，我们采用虚拟机克隆的方式，完成其他虚拟机的安装。本任务是使用 VMware 克隆两台 Linux 虚拟机。

【知识链接】

2.2.1　克隆和备份的区别

1. 克隆

克隆是指创建与源硬盘或分区完全相同的硬盘或分区。克隆的目标不仅包括保存在硬盘上的文件，还可能包括系统信息、文件夹结构、文件系统、应用程序以及注册表信息等。因此，对于克隆的硬盘，可以理解为该硬盘与原始硬盘完全一样，无须其他操作即可立即使用。

2. 备份

备份是一个与克隆非常相似的概念，都涉及将文件移动到其他位置进行保存的过程。备份主要是为了保护目标文件的安全，定期对文件进行复制，从而将文件多保存一份，可以提高文件的安全性，哪怕文件因为各种问题丢失，也可以通过备份文件找回。备份的对象可以是文件、文件夹、硬盘或系统等。

3. 克隆和备份的区别

从上述克隆和备份的定义可以看出，尽管克隆和备份概念相近，但还是有一些不同，主要体现在以下几个方面。

（1）适用情况不同

备份适用于保护文件，对硬盘备份之后，源硬盘仍然可以继续使用；克隆适用于更换硬盘时的硬盘数据转移，克隆硬盘之后，可将源硬盘更换为新硬盘。

（2）操作时间跨度不同

备份可以是长期的操作，如每周/每月定期自动备份硬盘中的文件，当然也可单次操作，备份的文件可长期闲置，等到需要还原时再访问它们。而克隆一般是单次操作，可直接将源硬盘的全部数据转移到新硬盘中，以便立即使用源硬盘中的全部数据。

（3）操作对象不同

备份的操作对象可以是文件、文件夹、系统、分区、硬盘，而克隆一般只支持分区、硬盘以及系统。

2.2.2 VMware 的克隆类型

VMware 提供了两种类型的克隆，分别是完整克隆和链接克隆，具体介绍如下。

● 完整克隆：采用完整克隆方式所克隆的虚拟机是对原始虚拟机完全独立的一个复制，它不和原始虚拟机共享任何资源，可以脱离原始虚拟机独立运行。

● 链接克隆：采用链接克隆方式所克隆的虚拟机需要和原始虚拟机共享同一个虚拟磁盘文件，因其不能脱离原始虚拟机独立运行。但是，采用共享磁盘文件可以极大缩短创建克隆虚拟机的时间，同时节省物理磁盘空间。通过链接克隆，可以轻松地为不同的任务创建一台独立的虚拟机。

在以上两种克隆类型中，采用链接克隆方式所克隆的虚拟机不会占用过多磁盘空间。因此，此处以链接克隆方式为例，分步骤演示虚拟机的克隆。

【任务实施】

（1）关闭 hadoop01 虚拟机，在 VMware 工具左侧"我的计算机"下右击 hadoop01，选择"管理"下的"克隆"选项，弹出"克隆虚拟机向导"对话框，如图 2-13 所示。

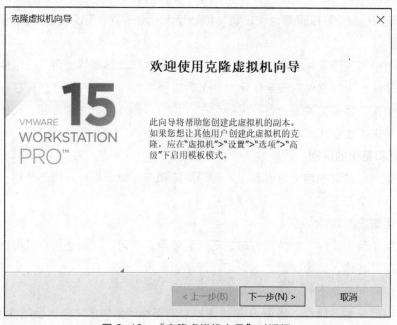

图 2-13 "克隆虚拟机向导"对话框

（2）根据克隆虚拟机向导连续单击"下一步"按钮，进入"克隆类型"界面后，选择"创建链接克隆"单选按钮，如图 2-14 所示。

（3）选择克隆方式后，单击图 2-14 中的"下一步"按钮，进入"新虚拟机名称"界面，在该界面自定义新虚拟机名称和位置，如图 2-15 所示。

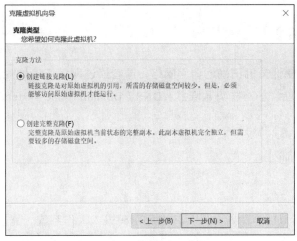

图 2-14　"克隆类型"界面

图 2-15　"新虚拟机名称"界面

　　在图 2-15 中，设置好新虚拟机名称和位置后，单击"完成"按钮，进入新虚拟机克隆过程，稍等片刻就会跳转到虚拟机克隆成功界面。在虚拟机克隆成功界面，单击"关闭"按钮，完成虚拟机的克隆。（本项目需要克隆两台虚拟机，分别命名为 hadoop02 和 hadoop03。）

任务 2.3　网络配置

【任务描述】

　　目前已经完成了虚拟机的安装和克隆，且 hadoop01 这台虚拟机已经能够正常使用。但该虚拟机的 IP 地址是动态生成的，在不断地开停机过程中很容易改变，不利于实际的开发，而且通过 hadoop01 克隆的另外两台虚拟机完全无法动态分配到 IP 地址，无法直接使用。因此，本任务是对这 3 台虚拟机进行网络配置，包括主机名、IP 地址设置等。

【知识链接】

网络配置指为了使计算机正确地访问网络，或者通过网络正确地找到计算机，从而对计算机的主机名、IP 地址、子网掩码、域名、DNS（Domain Name System，域名系统）等网络参数进行设置。

【任务实施】

1. 配置主机名

开启 hadoop01 虚拟机，输入 root 用户名和密码进入操作系统，配置主机名的指令如下：

```
vi /etc/hostname
```

执行上述指令后，在打开的界面中对 hostname 进行重新编辑，这里设置为 hadoop01。再以同样的方式，将另外两台虚拟机的主机名依次设置为 hadoop02、hadoop03。

2. 配置 IP 地址

IP 地址必须在 VMware 虚拟网络 IP 地址范围内，所以这里必须先清楚可选的 IP 地址范围。

首先，选择 VMware 工具的"编辑"菜单下的"虚拟网络编辑"，打开"虚拟网络编辑器"对话框。其次，在该对话框中选中"NAT 模式"类型的 VMnet8，单击"DHCP 设置"按钮，会弹出一个"DHCP 设置"对话框，如图 2-16 所示。

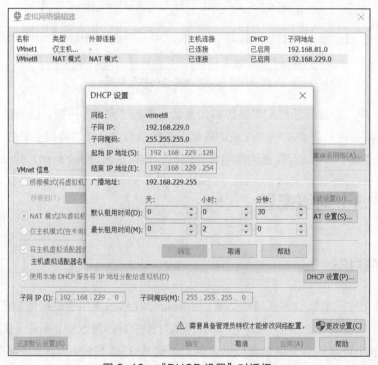

图 2-16　"DHCP 设置"对话框

　　从图 2-16 可以看出 IP 地址的可选范围为 192.168.229.128～192.168.229.254（注意，在实际使用过程中，因每个人的计算机不同，网络 IP 地址可能不同）。

　　接着执行如下指令：

```
vi /etc/sysconfig/network-scripts/ifcfg-ens33
```

　　执行上述指令后，会打开 IP 地址的配置界面，如图 2-17 所示。根据需求通常要配置或修改以下 6 处参数。

- ONBOOT：表示是否激活这块网卡，当 ONBOOT=yes 时，表示启动这块网卡。
- BOOTPROTO：表示静态路由协议，当 BOOTPROTO=static 时，可以保持 IP 地址固定。
- IPADDR：表示虚拟机的 IP 地址。
- GATEWAY：表示虚拟机网关，通常都是将 IP 地址最后一位数变为 2。
- NETMASK：表示虚拟机子网掩码，通常都是 255.255.255.0。
- DNS1：表示域名解析器，此处采用 Google 公司提供的免费 DNS 服务器 8.8.8.8（也可以设置为 PC 对应的 DNS）。

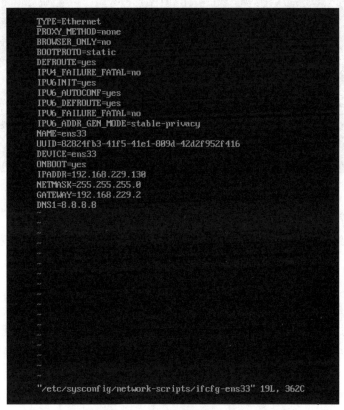

图 2-17　IP 地址的配置界面

　　配置完成后执行以下指令重启网卡以使配置生效：

```
systemctl restart network
```

　　使用 ifconfig 指令查看当前 IP 地址是否配置正确，如图 2-18 所示。

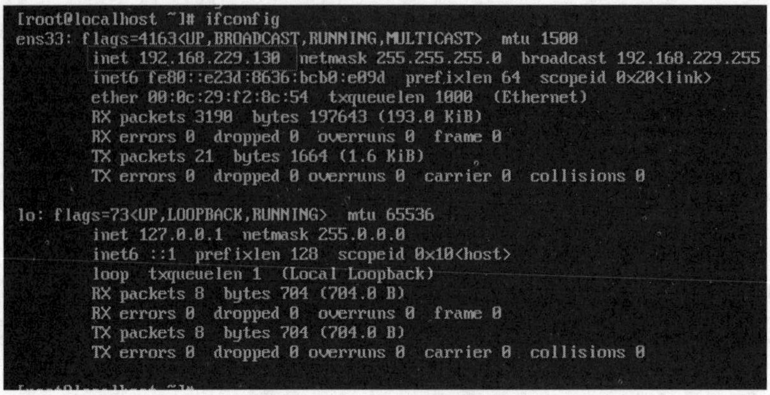

```
[root@localhost ~]# ifconfig
ens33: flags=4163<UP,BROADCAST,RUNNING,MULTICAST>  mtu 1500
        inet 192.168.229.130  netmask 255.255.255.0  broadcast 192.168.229.255
        inet6 fe80::e23d:8636:bcb0:e09d  prefixlen 64  scopeid 0x20<link>
        ether 00:0c:29:f2:8c:54  txqueuelen 1000  (Ethernet)
        RX packets 3190  bytes 197643 (193.0 KiB)
        RX errors 0  dropped 0  overruns 0  frame 0
        TX packets 21  bytes 1664 (1.6 KiB)
        TX errors 0  dropped 0 overruns 0  carrier 0  collisions 0

lo: flags=73<UP,LOOPBACK,RUNNING>  mtu 65536
        inet 127.0.0.1  netmask 255.0.0.0
        inet6 ::1  prefixlen 128  scopeid 0x10<host>
        loop  txqueuelen 1  (Local Loopback)
        RX packets 8  bytes 704 (704.0 B)
        RX errors 0  dropped 0  overruns 0  frame 0
        TX packets 8  bytes 704 (704.0 B)
        TX errors 0  dropped 0 overruns 0  carrier 0  collisions 0
```

图 2-18　查看 IP 地址

执行“ping www.baidu.com”指令来检测网络连接是否正常，如图 2-19 所示。

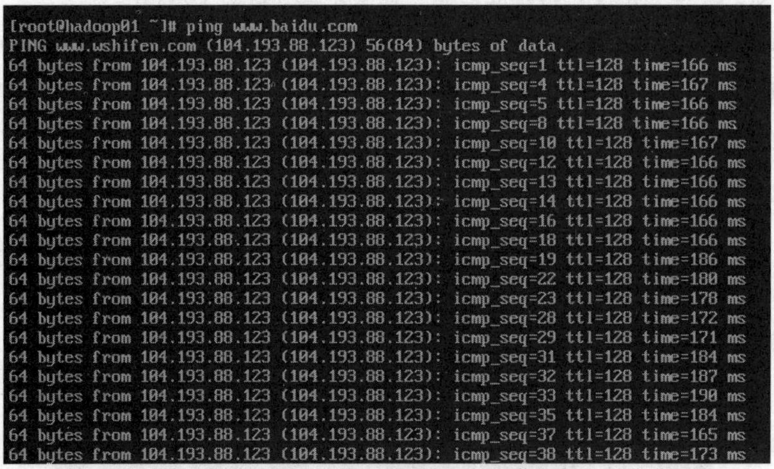

```
[root@hadoop01 ~]# ping www.baidu.com
PING www.wshifen.com (104.193.88.123) 56(84) bytes of data.
64 bytes from 104.193.88.123 (104.193.88.123): icmp_seq=1 ttl=128 time=166 ms
64 bytes from 104.193.88.123 (104.193.88.123): icmp_seq=4 ttl=128 time=167 ms
64 bytes from 104.193.88.123 (104.193.88.123): icmp_seq=5 ttl=128 time=166 ms
64 bytes from 104.193.88.123 (104.193.88.123): icmp_seq=8 ttl=128 time=166 ms
64 bytes from 104.193.88.123 (104.193.88.123): icmp_seq=10 ttl=128 time=167 ms
64 bytes from 104.193.88.123 (104.193.88.123): icmp_seq=12 ttl=128 time=166 ms
64 bytes from 104.193.88.123 (104.193.88.123): icmp_seq=13 ttl=128 time=166 ms
64 bytes from 104.193.88.123 (104.193.88.123): icmp_seq=14 ttl=128 time=166 ms
64 bytes from 104.193.88.123 (104.193.88.123): icmp_seq=16 ttl=128 time=166 ms
64 bytes from 104.193.88.123 (104.193.88.123): icmp_seq=18 ttl=128 time=166 ms
64 bytes from 104.193.88.123 (104.193.88.123): icmp_seq=19 ttl=128 time=186 ms
64 bytes from 104.193.88.123 (104.193.88.123): icmp_seq=22 ttl=128 time=180 ms
64 bytes from 104.193.88.123 (104.193.88.123): icmp_seq=23 ttl=128 time=178 ms
64 bytes from 104.193.88.123 (104.193.88.123): icmp_seq=28 ttl=128 time=172 ms
64 bytes from 104.193.88.123 (104.193.88.123): icmp_seq=29 ttl=128 time=171 ms
64 bytes from 104.193.88.123 (104.193.88.123): icmp_seq=31 ttl=128 time=184 ms
64 bytes from 104.193.88.123 (104.193.88.123): icmp_seq=32 ttl=128 time=187 ms
64 bytes from 104.193.88.123 (104.193.88.123): icmp_seq=33 ttl=128 time=190 ms
64 bytes from 104.193.88.123 (104.193.88.123): icmp_seq=35 ttl=128 time=184 ms
64 bytes from 104.193.88.123 (104.193.88.123): icmp_seq=37 ttl=128 time=165 ms
64 bytes from 104.193.88.123 (104.193.88.123): icmp_seq=38 ttl=128 time=173 ms
```

图 2-19　检测网络连接是否正常

如果能够正常接收数据，说明网络连接正常。

同样，将另外两台虚拟机也配置相应的 IP 地址（应根据计算机实际情况进行调整）：

hadoop02 为 192.168.229.131；

hadoop03 为 192.168.229.132。

3. IP 地址和主机名映射配置

在网络连接过程中，常使用计算机的主机名进行连接。因此，为了保证后续相互关联的虚拟机能够通过主机名进行通信，需进行 IP 地址和主机名映射配置。执行如下指令打开 hosts 文件并进行配置，结果如图 2-20 所示。

```
vi /etc/hosts
```

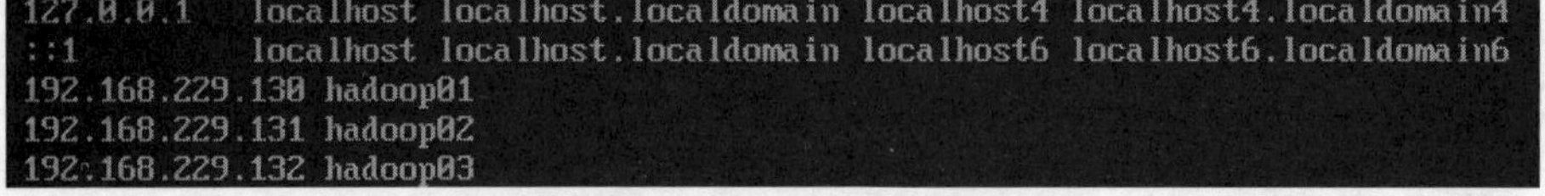

```
127.0.0.1   localhost localhost.localdomain localhost4 localhost4.localdomain4
::1         localhost localhost.localdomain localhost6 localhost6.localdomain6
192.168.229.130 hadoop01
192.168.229.131 hadoop02
192.168.229.132 hadoop03
```

图 2-20　IP 地址和主机名映射配置

此处分别将主机名 hadoop01、hadoop02、hadoop03 与 IP 地址 192.168.229.130、192.168.229.131、192.168.229.132 进行映射匹配。

任务 2.4　SSH 服务配置

🔍【任务描述】

通过前面的操作，已经完成了 3 台虚拟机 hadoop01、hadoop02 和 hadoop03 的安装和网络配置，虽然这些虚拟机已经可以正常使用，但是依然存在下列问题。

（1）实际工作中，服务器被放置在机房中，同时受到地域和管理的限制，开发人员通常不会进入机房直接上机操作，而是通过远程连接服务器，进行相关操作。

（2）在集群开发中，主节点通常会对集群中各个节点进行频繁的访问，这样就需要不断输入目标服务器的用户名和密码，这种操作方式不仅麻烦，而且会影响集群服务的连续运行。

为此，可以通过配置 SSH 服务来分别实现远程登录和免密登录功能，接下来分别实现这两项功能。

🔧【知识链接】

SSH 为 Secure Shell（安全外壳）的缩写，是一种专门为远程登录会话和其他网络服务提供安全性功能的网络安全协议。通过使用 SSH 服务，可以把传输的数据进行加密，有效防止远程管理过程中的信息泄露问题。

🔍【任务实施】

1. SSH 远程登录功能配置

为了使用 SSH 服务，服务器首先必须安装并开启相应的 SSH 服务。在 CentOS 中，可以先执行 "rpm -qa:grep ssh" 指令查看当前机器是否安装了 SSH 服务，再执行 "ps -e:grep sshd" 指令查看 SSH 服务是否开启，如图 2-21 所示。

从图 2-21 中可以看出，CentOS 7 默认已经安装和开启了 SSH 服务，所以不需要额外安装就可以进行远程登录。

在目标服务器已经安装 SSH 服务并且支持远程连接、访问后，在实际开发中，开发人员通常会通过一个远程连接工具来连接并访问目标服务器。本书通过介绍一个实际开发中常用的 XShell 远程连接工具来演示远程服务器的连接和使用。

图 2-21　查看 SSH 服务是否安装和开启

XShell 是一个强大的安全终端模拟软件，支持 SSH1、SSH2，以及 Windows 平台的 Telnet。

XShell 通过互联网到远程主机的安全连接以及它创新性的设计和特色帮助用户在复杂的网络环境中享受工作。XShell 安装较为简单，读者可从其官网自行下载并安装。

安装完成后，打开 XShell 远程连接工具，单击"文件"下的"新建"，打开"新建会话属性"对话框，如图 2-22 所示。

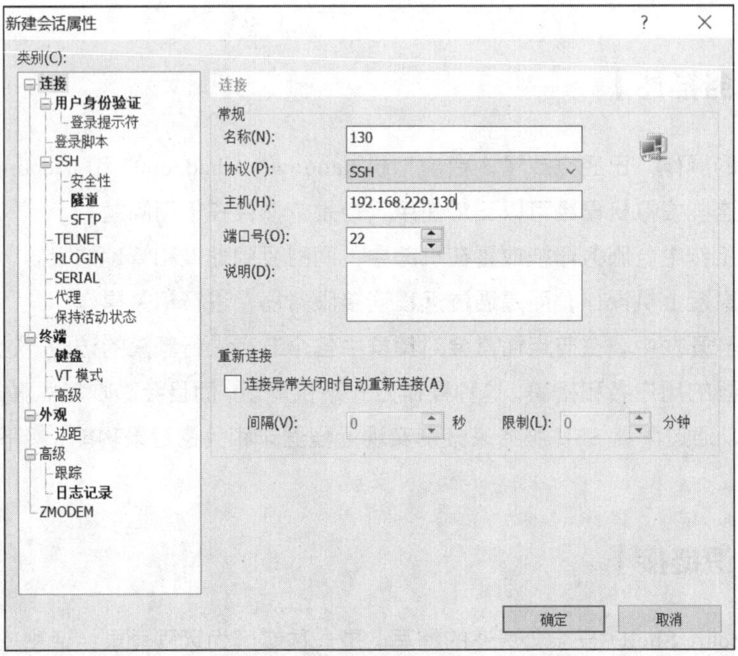

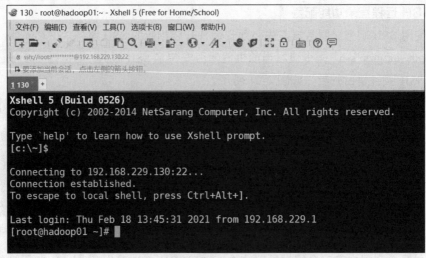

图 2-22　"新建会话属性"对话框

在图 2-22 所示的连接设置当中，主要设置连接名称、主机 IP 地址、端口号并选择协议，填写用户身份验证下的用户名和密码，单击"确定"按钮后完成创建，并单击"连接"，XShell 会自动连接到目标服务器，如图 2-23 所示。

图 2-23　远程连接到 hadoop01 服务器

2. SSH 免密登录功能配置

SSH 免密登录
功能配置

前文介绍了 SSH 服务，并实现了远程登录功能。而想要实现多台服务器之间的免密登录功能还需要进一步配置。详细配置 SSH 免密登录功能的步骤如下。

（1）在需要进行统一管理的虚拟机（如后续会作为 Hadoop 集群主节点的 hadoop01）上输入 "ssh-keygen -t rsa" 指令，并根据提示，不用输入任何内容，连续按 4 次 Enter 键确认。此时，系统就会在当前虚拟机的 root 目录下生成一个包含密钥文件的.ssh 隐藏文件。在虚拟机的 root 目录下通过 "ll -a" 指令，查看当前目录下的所有文件（包括隐藏文件）。然后进入.ssh 隐藏目录，查看当前目录的文件，如图 2-24 所示。

```
[root@hadoop01 .ssh]# ll
total 8
-rw-------. 1 root root 1675 Feb 18 14:50 id_rsa
-rw-r--r--. 1 root root  395 Feb 18 14:50 id_rsa.pub
[root@hadoop01 .ssh]# 
```

图 2-24　.ssh 目录文件

在图 2-24 中，.ssh 目录下的 id_rsa 为生成的私钥文件，id_rsa.pub 为生成的公钥文件。

（2）在生成密钥文件的虚拟机 hadoop01 上，执行相关指令将公钥文件复制到需要关联的服务器上（包括本机）。如，执行 "ssh-copy-id hadoop02" 指令可以将公钥文件复制到主机名为 hadoop02 的虚拟机上，如图 2-25 所示。

若复制到其他服务器，指令只需修改主机名即可。

```
[root@hadoop01 .ssh]# ssh-copy-id hadoop02
/usr/bin/ssh-copy-id: INFO: Source of key(s) to be installed: "/root/.ssh/id_rsa.pub"
The authenticity of host 'hadoop02 (192.168.229.131)' can't be established.
ECDSA key fingerprint is SHA256:DeLu/Dr2VCzZTiK2wAseo2cWqiAYAtLaY5mCEd6Wjcw.
ECDSA key fingerprint is MD5:4e:d8:a4:f4:45:60:46:3c:6e:03:3e:6d:4a:5e:81:72.
Are you sure you want to continue connecting (yes/no)? yes
/usr/bin/ssh-copy-id: INFO: attempting to log in with the new key(s), to filter out any that are already installed
/usr/bin/ssh-copy-id: INFO: 1 key(s) remain to be installed -- if you are prompted now it is to install the new keys
root@hadoop02's password:

Number of key(s) added: 1

Now try logging into the machine, with:   "ssh 'hadoop02'"
and check to make sure that only the key(s) you wanted were added.

[root@hadoop01 .ssh]# ssh hadoop02
Last login: Wed Feb 17 23:53:33 2021
[root@hadoop02 ~]# 
```

图 2-25　免密登录

从图 2-25 可以看出，在 hadoop01 主机上生成的公钥文件被复制到了 hadoop02 主机上，当在 hadoop01 主机上执行 "ssh hadoop02" 指令访问 hadoop02 主机时就不再需要输入密码。

需要说明的是，上述步骤只演示了在 hadoop01 主机上生成密钥文件，并将公钥文件复制到 hadoop02 主机上，实现了 hadoop01 到 hadoop02 的单向免密登录。本书后续将使用前面安装的 hadoop01、hadoop02 和 hadoop03 主机进行 Hadoop 集群搭建，因此，还需要将 hadoop01 主机上的公钥文件复制到 hadoop03 主机上，实现 hadoop01 主机到 hadoop03 主机的单向免密登录。

任务 2.5　Hadoop 集群搭建

【任务描述】

在完成 SSH 服务配置后，就可以开始搭建 Hadoop 完全分布式集群。

【知识链接】

Hadoop 集群的部署模式

Hadoop 集群的部署模式分为 3 种，分别是独立模式（Standalone Mode）、完全分布式模式（Full-Distributed Mode）和伪分布式模式（Pseudo-Distributed Mode）。

（1）独立模式

独立模式又称为单机模式，无须运行任何守护进程，所有程序都在单个 JVM（Java Virtual Machine，Java 虚拟机）上运行。

（2）完全分布式模式

Hadoop 的守护进程分别运行在主机搭建的集群上，不同节点担任不同的角色。在实际应用开发中通常使用该模式来搭建企业级 Hadoop 集群。

（3）伪分布式模式

Hadoop 的守护进程运行在一台服务器上。伪分布式模式是完全分布式模式的一个特例。

伪分布式模式

在 Hadoop 集群中，所有的服务器节点仅划分为两种角色，一种是主节点 Master（集群中只有 1 个），另一种是从节点 Slave（有多个）。

【任务实施】

JDK 安装

1. JDK 安装

由于 Hadoop 是由 Java 语言开发的，所以 Hadoop 集群依赖于 Java 环境。因此，在安装 Hadoop 之前需要先安装、配置好 JDK（Java Development Kit，Java 开发工具包）。

（1）下载 JDK

访问 Oracle 官网的 Java 相关工具下载页面，下载 Linux 系统下的 JDK 安装包（本书使用 jdk-8u201-linux-x64.tar.gz 安装包）。

（2）安装 JDK

在/software 目录下执行 rz 命令（通过"yum install lrzsz -y"指令安装 rz 命令）将 JDK 安装包上传到该目录下，接着将 JDK 安装包解压到/servers 目录下，安装指令如下：

```
tar -zxvf jdk-8u201-linux-x64.tar.gz -C /servers
```

如果觉得文件名过长还可以对文件进行重命名，指令如下：

```
mv jdk1.8.0_201/ jdk
```

（3）配置 JDK 环境变量

使用"vi /etc/profile"指令打开 profile 文件，在文件底部加入如下内容：

```
export JAVA_HOME=/servers/jdk
export CLASSPATH=.:$JAVA_HOME/lib/dt.jar:$JAVA_HOME/lib/tools.jar
export PATH=$PATH:$JAVA_HOME/bin
```

执行"source /etc/profile"指令使配置文件生效。

（4）JDK 环境验证

为了检测安装是否正确，可以执行"java -version"指令进行验证，如果出现图 2-26 所示结果，说明 JDK 已经安装并配置成功。

```
[root@hadoop01 servers]# java -version
java version "1.8.0_201"
Java(TM) SE Runtime Environment (build 1.8.0_201-b09)
Java HotSpot(TM) 64-Bit Server VM (build 25.201-b09, mixed mode)
```

图 2-26 JDK 环境验证

2. Hadoop 的下载与安装

（1）Hadoop 下载

在 Hadoop 官网下载不同版本的 Hadoop 安装包（本书使用 Hadoop 2.7.7）。

（2）Hadoop 安装

使用 rz 命令将下载的 Hadoop 安装包上传到/software 目录中，再将其解压到/servers 目录下，最后将其重命名为 hadoop。解压和重命名的操作过程可参考 JDK 的安装操作。

（3）配置 Hadoop 环境变量

使用"vi /etc/profile"指令打开 profile 文件，在文件底部加入如下内容：

```
export HADOOP_HOME=/servers/hadoop
export PATH=$PATH:$HADOOP_HOME/bin:$HADOOP_HOME/sbin
```

然后执行"source /etc/profile"指令刷新配置文件，使配置生效。

（4）验证 Hadoop 安装

执行"hadoop version"指令，若出现图 2-27 所示结果，表示 Hadoop 安装成功。

```
[root@hadoop01 hadoop]# hadoop version
Hadoop 2.7.7
Subversion Unknown -r c1aad84bd27cd79c3d1a7dd58202a8c3ee1ed3ac
Compiled by stevel on 2018-07-18T22:47Z
Compiled with protoc 2.5.0
From source with checksum 792e15d20b12c74bd6f19a1fb886490
This command was run using /servers/hadoop/share/hadoop/common/hadoop-common-2.7.7.jar
```

图 2-27 验证 Hadoop 安装

3. Hadoop 集群配置

（1）配置文件说明

Hadoop 的配置文件保存在/servers/hadoop/etc/hadoop 中。Hadoop 的配置文件说明如表 2-1 所示。

表 2-1　Hadoop 的配置文件说明

序号	文件名称	功能
1	hadoop-env.sh	用于配置 Hadoop 运行所需要的环境变量
2	core-site.xml	用于配置 HDFS 的地址、端口号以及临时文件目录
3	HDFS-site.xml	用于配置 NameNode 和 DataNode 两大进程
4	mapred-site.xml	用于指定 MapReduce 的运行时框架
5	yarn-site.xml	用于指定 YARN 集群的管理者和 NodeManager 运行时的附属服务
6	slaves	用于配置 Hadoop 集群所有从节点的主机名，即 HDFS 的 DataNode 和 YARN 的 NodeManager 位于哪个节点

（2）修改 hadoop-env.sh 文件

进入 hadoop01 节点下的/servers/hadoop/etc/hadoop 目录，使用"vi hadoop-env.sh"指令打开 hadoop-env.sh 文件，找到 JAVA_HOME 参数位置，修改 JDK 的路径，如下：

```
export JAVA_HOME=/servers/jdk
```

（3）修改 core-site.xml 文件

使用 vi 指令打开该文件，添加如下配置内容：

```
<configuration>
    <property>
        <name>fs.defaultFS</name>
        <!-- 配置 NameNode 地址在 hadoop01 上  -->
        <value>HDFS://hadoop01:9000</value>
    </property>
    <property>
        <name>hadoop.tmp.dir</name>
        <!-- 配置 Hadoop 的临时目录 -->
        <value>/servers/hadoop/tmp</value>
    </property>
</configuration>
```

其中，各参数说明在文件中已经用注释符号"<!-- -->"进行标注。比如，配置中的"fs.defaultFS"属性，表示"Hadoop 中 FileSystem 中 NameNode 的地址"，而属性值则是"HDFS://hadoop01:9000"，即该地址在"hadoop01 节点的 9000 端口"。

（4）修改 HDFS-site.xml 文件

打开该文件，添加如下内容：

```
<configuration>
    <!-- 指定 HDFS 的副本数量（默认也为 3） -->
    <property>
        <name>dfs.replication</name>
        <value>3</value>
    </property>
    <!--指定 Secondary NameNode 所在主机的 IP 地址和端口 -->
    <property>
        <name>dfs.NameNode.secondary.http-address</name>
        <value>hadoop02:50090</value>
```

```
    </property>
<configuration>
```

（5）修改 mapred-site.xml 文件

在目录 etc/hadoop 中没有该文件，但有相应的模板文件。因此，先要复制该文件，并重命名为"mapred-site.xml"。操作命令为：

```
cp mapred-site.xml.template mapred-site.xml
```

此时，可打开该文件，并添加如下内容：

```
<configuration>
    <!-- 指定 MapReduce 的运行时框架 -->
    <property>
        <name>MapReduce.framework.name</name>
        <value>yarn</value>
    </property>
<configuration>
```

（6）修改 yarn-site.xml 文件

该文件是 YARN 框架的核心配置文件。打开该配置文件并添加如下内容：

```
<configuration>
    <!-- 指定 YARN 集群的管理者 -->
    <property>
        <name>yarn.resourcemanager.hostname</name>
        <value>hadoop01</value>
    </property>
    <property>
        <name>yarn.nodemanager.aux-services</name>
        <value>MapReduce_shuffle</value>
    </property>
<configuration>
```

（7）修改 slaves 文件

打开该文件，先删除原来的内容，并添加如下内容：

```
hadoop01
hadoop02
hadoop03
```

（8）将主节点的配置文件分发到其他从节点

作为 Hadoop 集群，在完成主节点 hadoop01 的配置后，还需要配置其他从节点。本书的从节点为 hadoop02 和 hadoop03。

为了简化配置过程，可采用分发的方式，完成对 hadoop02 和 hadoop03 节点的配置。为此，在完成主节点 hadoop01 的配置后，通过 scp 命令将系统环境配置文件、JDK 安装目录和 Hadoop 安装目录分发到 hadoop02 和 hadoop03 节点上。具体指令如下：

```
scp /etc/profile hadoop02:/etc/profile
scp /etc/profile hadoop03:/etc/profile
scp -r /servers hadoop02:/
scp -r /servers hadoop03:/
```

执行完上述指令后，分别在 hadoop02 和 hadoop03 节点上执行"source /etc/profile"指令，刷新配置文件。

至此，Hadoop 集群配置完成。

4．Hadoop 集群测试

在 Hadoop 集群配置完成后，还需要通过测试来验证 Hadoop 集群配置是否正确，包括如下步骤。

（1）格式化文件系统

在首次启动 Hadoop 集群前，必须对文件系统进行格式化处理，命令如下：

```
HDFS NameNode -format
```

（2）启动 Hadoop 集群

一般在主节点（hadoop01）上启动 Hadoop 集群，命令如下：

```
start-hdfs.sh
start-yarn.sh
```

第一行命令启动 HDFS 进程，第二行命令启动 YARN 进程。

在启动完成后，在每个节点上通过 jps 命令查看各自节点的进程启动情况，分别如图 2-28、图 2-29、图 2-30 所示。

```
[root@hadoop01 hadoop]# jps
2992 ResourceManager
3097 NodeManager
3401 Jps
2714 DataNode
2620 NameNode
```

图 2-28　hadoop01 进程效果

```
[root@hadoop02 hadoop]# jps
1636 SecondaryNameNode
1844 Jps
1707 NodeManager
1548 DataNode
```

图 2-29　hadoop02 进程效果

```
[root@hadoop03 hadoop]# jps
1560 NodeManager
1466 DataNode
1695 Jps
```

图 2-30　hadoop03 进程效果

关闭 Hadoop 集群

（3）关闭 Hadoop 集群

要想关闭相关服务进程，只需将上述命令中的 start 改成 stop 即可。

5．查看 Hadoop 运行状态

Hadoop 集群启动后，它默认开放了 50070 和 8088 两个端口，分别用于监控 HDFS 集群和 YARN 集群。通过 UI（User Interface，用户界面）可以方便地进行集群的查看和管理。

首先要关闭所有节点的防火墙，命令如下：

```
systemctl stop firewalld.service
systemctl disable firewalld.service
```

然后通过宿主机分别访问 http://192.168.229.130:50070 和 http://192.168.229.130:8088。此时，网页上显示的就是 HDFS 和 YARN 集群的运行状态，如图 2-31 和图 2-32 所示。

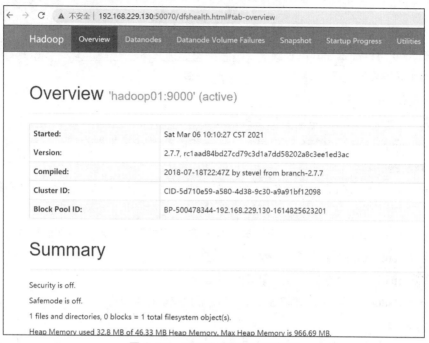

图 2-31　HDFS 集群的运行状态

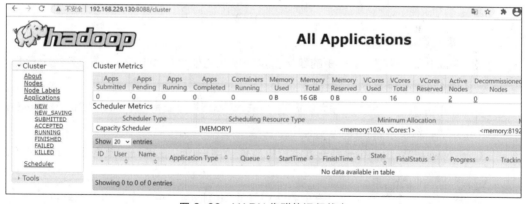

图 2-32　YARN 集群的运行状态

任务小结

本工作任务主要讲解了 Hadoop 集群的搭建，涉及集群搭建的准备工作，例如虚拟机安装与克隆、网络配置和 SSH 服务配置，以及 Hadoop 集群配置和测试。需要注意的是，在修改配置文件过程中一定要认真、细致，大家常犯的错误是把书上的 IP 地址当成自己的 IP 地址，造成节点无法访问，从而导致集群搭建失败。

课后习题

一、填空题

1. Hadoop 集群部署模式分别是_____、_____和_____。

2. 加载环境变量配置文件应使用_____命令。

3. 格式化 HDFS 集群的命令是_____。

4. 脚本一键启动 Hadoop 集群服务的命令是_____。

5. Hadoop 默认开设 HDFS 端口号_____和监控 YARN 集群端口号_____。

二、判断题

1. Hadoop 是由 Java 语言开发的，因此在搭建 Hadoop 集群时，需要为集群安装 JDK 环境变量。 （　　）

2. 伪分布式模式下的 Hadoop 功能与完全分布式模式下的 Hadoop 功能相同。 （　　）

3. 启动 Hadoop 集群服务之前需要格式化文件系统。 （　　）

4. Hadoop 存在多个副本，且默认备份数量是 3。 （　　）

5. 配置 Hadoop 集群只需要修改 core-site.xml 配置文件即可。 （　　）

三、选择题

1. HDFS 默认备份数量为（　　）。

   A. 0　　　　　　　　　　　　　B. 1

   C. 2　　　　　　　　　　　　　D. 3

2. 下列描述说法错误的是（　　）。

   A. Xshell 是一款支持 SSH 的终端仿真程序，它能够在 Windows 操作系统上远程连接 Linux 服务器执行操作

   B. Hadoop 是一个用于处理大数据的分布式集群架构，支持在 Linux 系统以及 Windows 系统上进行安装和使用

   C. VMware Workstation 是一款虚拟机软件，用户可以在单一的桌面上同时操作不同的操作系统

   D. SSH 是一个专门为远程登录会话和其他网络服务提供安全性功能的软件

3. 配置 Hadoop 集群时，下列 Hadoop 配置文件中的（　　）需要进行修改。（多选）

   A. hadoop-env.sh　　　　　　　B. profile

   C. core-site.xml　　　　　　　　D. ifcfg-eth0

四、简答题

1. 简述什么是 SSH 以及 SSH 能够解决的问题。

2. 简述 Hadoop 集群部署模式以及各模式使用场景。

相关阅读——名副其实的"网络大国"

我国互联网的序幕始于 1987 年 9 月 14 日从北京发往德国的一封电子邮件："Across the Great Wall，we can reach every corner in the world."（越过长城，走向世界）。但直到 1994 年 4 月 20 日，我国才通过一条 64K 国际专线全功能接入国际互联网，成为第 77 个被国际正式承认拥有全功能互联网的国家。多年来，我国的互联网发展飞速、成果斐然。全球访问量前 20 名的互联网网站我国占了 7 个，全球市值前 10 位的互联网企业我国占了 4 个。截至 2019 年 6 月，我国网民规模达到 8.54 亿人，位居世界第一，光纤宽带用户比例世界第一；4G 商用网络全球覆盖最广；5G 标准必要专利数量全球第一；人工智能、大数据、云计算等新一代信息技术飞速发展。《中国互联网络发展状况统计报告》显示，截至 2022 年 12 月，我国网民规模达 10.67 亿人，当前我国已成为名副其实的"网络大国"，正向着"网络强国"迈进。

工作任务3
数据上传

任务概述

正是因为有文件管理系统，文件才能够在系统中被准确定位。随着分布式系统的出现，文件管理系统也发展为分布式文件系统。HDFS 是 Hadoop 进行分布式文件管理的关键组件。用 Hadoop 进行数据处理与分析，首先要将采集到的数据保存到 Hadoop 集群。本工作任务将介绍如何通过 Shell 命令和 Java API 两种方式，将采集到的电影数据上传到 Hadoop 集群的 HDFS 上。

学习目标

1. 知识目标

- 了解 HDFS 的组成架构。
- 了解 HDFS 读写数据流程。
- 掌握 HDFS 常用的 Shell 操作方法。

2. 技能目标

掌握使用 Shell 命令上传文件的方法。

3. 素养目标

培养创新意识。

预备知识——HDFS 概述

1. 数据的采集、存储与传输

（1）数据采集

数据是大数据处理的基础，数据质量直接影响着大数据处理的结果。作为大数据处理流程的第一步，数据采集是指从传感器和智能设备、企业在线系统、企业离线系统、社交网络和互联网平台等获取数据的过程。

（2）数据存储

数据存储是数据流在加工过程中产生的临时文件或在加工过程中需要查找的信息。数据以某种格式记录在计算机内部或外部存储介质上。

（3）数据传输

数据传输，指的是依照适当的规程，经过一条或多条链路，在数据源和数据宿之间传送数据的过程；也表示借助信道上的信号将数据从一处送往另一处的操作。

在软件开发过程中，有时将采集到的数据传输到数据存储平台的过程称为数据上传。

2. 文件系统与分布式文件系统

（1）文件系统

在计算机中，文件系统（File System）是命名文件及放置文件的逻辑存储和恢复的系统。Windows、macOS 和 UNIX 操作系统都有文件系统，在此类系统中文件被放置在分等级的（树状）结构中的某一处。比如，文件被放置在目录（Windows 中的文件夹）或子目录中。

（2）分布式文件系统

随着数据量越来越大，文件所需的存储空间也越来越大，在实际的工作场景下，一台计算机的硬盘已无法存放所有的文件，这就不得不将文件分别存放到不同的计算机。因此，就出现了自动管理不同计算机上文件的分布式文件系统。

分布式文件系统（DFS）是指文件系统管理的物理存储资源不一定直接连接在本地节点上，而是通过计算机网络与节点相连；或是若干不同的逻辑磁盘分区或卷标组合在一起而形成的完整的、有层次的文件系统。DFS 为分布在网络上任意位置的资源提供一个逻辑上的树形文件系统结构，从而使用户访问分布在网络上的共享文件更加简便。

3. HDFS 及其优缺点

HDFS 及其
优缺点

HDFS 正是分布式文件系统中的一种，是 Hadoop 中负责存储和管理文件的关键组件，其通过目录树来定位文件。因为 Hadoop 的分布特性，HDFS 由集群中的多台服务器联合起来实现其功能，各服务器有各自的角色。作为 Hadoop 的三大组件之一，HDFS 有着较为明显的优点，但也存在一些缺点。

（1）HDFS 的优点

- 高容错性。

HDFS 通过增加副本的形式提高容错性。在 Hadoop 中，数据可自动保存多个副本。当某一个副本丢失以后，可以通过其他副本自动恢复数据。

- 适合处理大数据。

HDFS 不仅能够处理数据规模达到 GB、TB 甚至 PB 级别的数据，而且能够处理百万规模以上的文件数量。

（2）HDFS 的缺点

- 不适合低延时数据访问

HDFS 将数据直接保存到硬盘上，因此数据存储时间相对较长，无法做到毫秒级存储数据。

- 不适合对大量小文件进行存储。

大量小文件的存储会占用 NameNode 大量内存来存储文件目录和块信息，导致文件存储的寻址时间会超过读取时间。

- 不支持文件的并发写入。

不允许多个线程同时对一个文件进行写操作。

- 不支持文件的随机修改。

仅支持数据追加，不支持文件的随机修改。

可见，HDFS 适合一次写入、多次读出的场景，适合用来做数据分析；但因 HDFS 不支持文件修改，所以并不适合用来做网盘应用。

任务 3.1　使用 Shell 命令将电影数据上传到 Hadoop

【任务描述】

将采集到的电影数据上传到 Hadoop 集群上。

【知识链接】

3.1.1　HDFS 架构组成

HDFS 由 NameNode、DataNode、HDFS Client 和 Secondary NameNode 等组成，如图 3-1 所示。

HDFS 架构组成

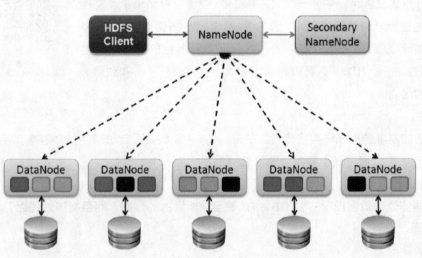

图 3-1　HDFS 架构

1. NameNode

NameNode 又称为名称节点，是 HDFS 的主节点（Master），是 HDFS 的管理者，主要负责：

- 管理 HDFS 的命名空间；
- 配置副本策略；
- 管理数据块（Block）映射信息；
- 处理客户端读写请求。

2. DataNode

DataNode 又称为数据节点，是 HDFS 的从节点（Slave），其根据 NameNode 下达的命令来执行实际操作，主要负责：

- 存储实际的数据块；
- 执行数据块的读写操作。

3. HDFS Client

HDFS Client 又称为 HDFS 客户端，主要负责如下工作。

（1）文件切分

文件上传至 HDFS 的时候，HDFS Client 将文件切分成一个一个的块，然后进行上传。

（2）与 NameNode 交互

主要工作是获取文件的位置信息。

（3）与 DataNode 交互

主要工作是完成数据的读取或者写入。

（4）管理和访问 HDFS

HDFS Client 通过命令来管理和访问 HDFS，比如 NameNode 格式化、对 HDFS 进行增删改查操作等。

4. Secondary NameNode

Secondary NameNode 又称第二名称节点，主要负责辅助 NameNode 工作，分担 NameNode 的工作量。比如，定期合并 Fsimage 和 Edits，并推送给 NameNode；在紧急情况下，可辅助恢复 NameNode 等。

但需要注意的是，Secondary NameNode 并非 NameNode 的热备，因此，当 NameNode "挂掉" 的时候，它并不能马上替换 NameNode 并提供服务。

5. HDFS 文件块

HDFS 中的文件在物理上是分块存储的，块的大小可通过配置参数（dfs.blocksize）来规定，在 Hadoop 2.x 中默认大小是 128MB。

3.1.2　HDFS 的 Shell 操作

HDFS 的 Shell
操作（1）　　HDFS 的 Shell
操作（2）

对于 HDFS，可采用命令行的形式进行文件的操作，被称为 HDFS 的 Shell 操作。常用的 Shell 操作命令如下。

（1）-help：输出这个命令参数

```
[root@hadoop01 ~]# hadoop fs -help rm
```

（2）-ls：显示目录信息

```
[root@hadoop01 ~]# hadoop fs -ls /
```

（3）-mkdir：在 HDFS 上创建目录

```
[root@hadoop01 ~]# hadoop fs -mkdir -p /sanguo/shuguo
```

（4）-moveFromLocal：从本地剪切并粘贴到 HDFS

```
[root@hadoop01 ~]# touch kongming.txt
[root@hadoop01 ~]# hadoop fs -moveFromLocal ./kongming.txt /sanguo/shuguo
```

（5）-appendToFile：追加一个文件到已经存在的文件的末尾

```
[root@hadoop01 ~]# touch liubei.txt
[root@hadoop01 ~]# vi liubei.txt
输入
san gu mao lu
[root@hadoop01 ~]# hadoop fs -appendToFile liubei.txt /sanguo/shuguo/kongming.txt
```

（6）-cat：显示文件内容

```
[root@hadoop01 ~]# hadoop fs -cat /sanguo/shuguo/kongming.txt
```

（7）-chgrp 、-chmod、-chown：与 Linux 文件系统中的用法一样，修改文件所属权限

```
[root@hadoop01 ~]# hadoop fs -chmod 666 /sanguo/shuguo/kongming.txt
[root@hadoop01 ~]# hadoop fs -chown atguigu:atguigu /sanguo/shuguo/kongming.txt
```

（8）-copyFromLocal：从本地文件系统中复制文件到 HDFS 路径

```
[root@hadoop01 ~]# hadoop fs -copyFromLocal README.txt /
```

（9）-copyToLocal：从 HDFS 复制到本地

```
[root@hadoop01~]# hadoop fs -copyToLocal /sanguo/shuguo/kongming.txt ./
```

（10）-cp：从 HDFS 的一个路径复制到 HDFS 的另一个路径

```
[root@hadoop01 ~]# hadoop fs -cp /sanguo/shuguo/kongming.txt /zhuge.txt
```

（11）-mv：在 HDFS 目录中移动文件

```
[root@hadoop01 ~]# hadoop fs -mv /zhuge.txt /sanguo/shuguo/
```

（12）-get：等同于-copyToLocal，就是从 HDFS 下载文件到本地

```
[root@hadoop01 ~]# hadoop fs -get /sanguo/shuguo/kongming.txt ./
```

（13）-getmerge：合并下载多个文件，比如 HDFS 的目录 /test 下有多个文件如 log.1、log.2、log.3……

```
[root@hadoop01 ~]# hadoop fs -getmerge /test/* ./zaiyiqi.txt
```

（14）-put：等同于-copyFromLocal

```
[root@hadoop01 ~]# hadoop fs -put ./zaiyiqi.txt /sanguo/shuguo/
```

（15）-tail：显示一个文件的末尾内容

```
[root@hadoop01 ~]# hadoop fs -tail /sanguo/shuguo/kongming.txt
```

（16）-rm：删除文件或文件夹

```
[root@hadoop01 ~]# hadoop fs -rm /sanguo/shuguo/ zaiyiqi.txt
```

（17）-rmdir：删除空目录

```
[root@hadoop01 ~]# hadoop fs -mkdir /test
[root@hadoop01 ~]# hadoop fs -rmdir /test
```

（18）-du：统计文件夹的大小信息

```
[root@hadoop01 ~]# hadoop fs -du -s -h /sanguo/shuguo/
```

```
[root@hadoop01 ~]# hadoop fs -du  -h /sanguo/shuguo/
```

（19）-setrep：设置 HDFS 中文件的副本数量

```
[root@hadoop01~]#hadoop fs -setrep 10 /sanguo/shuguo/kongming.txt
```

【任务实施】

（1）使用 rz 命令将电影数据文件上传到 hadoop01 节点下的/data 目录下，如图 3-2 所示。

```
[root@hadoop01 data]# ls
film.csv
```

图 3-2　电影数据文件

（2）执行以下指令在 HDFS 中创建目录，结果如图 3-3 所示。

```
hadoop fs -mkdir -p /film/input
hadoop fs -ls /
```

```
[root@hadoop01 data]# hadoop fs -mkdir -p /film/input
[root@hadoop01 data]# hadoop fs -ls /
Found 1 items
drwxr-xr-x   - root supergroup          0 2021-03-24 15:19 /film
```

图 3-3　创建目录

（3）执行以下指令将电影数据文件上传到 HDFS 中，结果如图 3-4 所示。

```
hadoop fs -put /data/film.csv /film/input
hadoop fs -ls /film/input
```

```
[root@hadoop01 data]# hadoop fs -put /data/film.csv /film/input
[root@hadoop01 data]# hadoop fs -ls /film/input
Found 1 items
-rw-r--r--   3 root supergroup      46319 2021-03-24 15:22 /film/input/film.csv
```

图 3-4　上传文件

上传完成后，还可以通过 UI 查看上传的文件，访问地址 http://192.168.229.130:50070/explorer.html#/film/input（IP 地址应改为自己操作的虚拟机 IP 地址）即可，如图 3-5 所示。

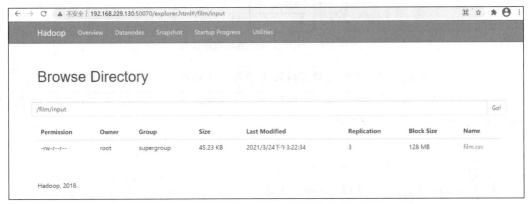

图 3-5　通过 UI 查看上传的文件

45

任务 3.2　使用 Java API 上传电影数据

【任务描述】

在软件最终用户的使用过程中，很少是由用户采用 Shell 的方式进行数据操作的。因此，需要软件公司编写相应的 Java 程序，并最终将程序打包，安装、部署到用户，用户只需要进行简单的鼠标操作即可完成相应的数据操作。因此，本任务是通过 Java API 的方式，将采集到的电影数据上传到 Hadoop 集群上。而采用 Java API 进行数据上传，首先要了解 HDFS 写数据和读数据的流程，以及 NameNode、Secondarg NameNode 和 DataNode 的工作机制，然后才能理解 Java API 中各函数的意义。

【知识链接】

3.2.1　HDFS 写数据流程

HDFS 完整的写数据流程如图 3-6 所示。

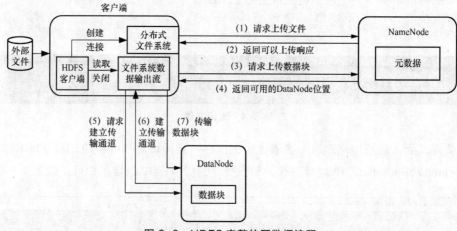

图 3-6　HDFS 完整的写数据流程

从图 3-6 可以看出，HDFS 写数据流程较为烦琐，主要包括以下几个步骤：

（1）HDFS 客户端创建连接，通过 HDFS 向 NameNode 请求上传文件，NameNode 检查目标文件是否存在，父目录是否存在。

（2）NameNode 返回可以上传的响应。

（3）客户端请求数据块的上传位置。

（4）NameNode 返回可用的 DataNode 位置。

（5）客户端通过文件系统数据输出流请求与分配的 DataNode 建立传输通道。

（6）DataNode 建立传输通道。

（7）客户端开始往 DataNode 上传数据块。

（8）当一个数据块传输完成之后，客户端再次请求 NameNode 上传第二个数据块的服务器，即重复执行（3）～（7）步。

3.2.2　HDFS 读数据流程

HDFS 完整的读数据流程如图 3-7 所示。

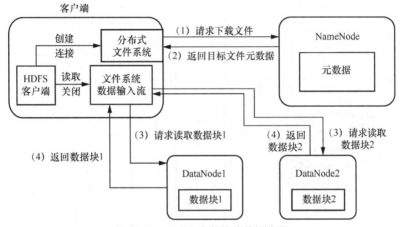

图 3-7　HDFS 完整的读数据流程

HDFS 读数据流程主要包括以下几个步骤：

（1）HDFS 客户端创建连接，通过 HDFS 向 NameNode 请求下载文件。

（2）NameNode 通过查询元数据，找到文件块所在的 DataNode 地址，并返回目标文件的元数据。

（3）依据就近原则，挑选 DataNode，发送读取数据块请求（如图 3-7 所示，根据数据特点、网络情况等因素，可能会分别向 DataNode1 和 DataNode2 发送读取数据块 1 和数据块 2 的请求）。

（4）DataNode 根据请求顺序，依次将数据块传输给客户端（客户端通过对文件系统数据输入流的读取和关闭操作，在接收数据时，先在本地缓存，然后写入目标文件）。

3.2.3　NameNode 和 Secondary NameNode 工作机制

思考：NameNode 中的元数据是存储在哪里的？

首先，我们做一个假设，如果元数据存储在 NameNode 的磁盘中，因为该节点经常需要进行随机访问，以及响应客户请求，必然效率很低。因此，元数据需要存储在内存中。但如果只存储在内存中，一旦断电，元数据丢失，整个集群就无法工作。因此，产生了在磁盘中备份元数据的 Fsimage。

NameNode 和
Secondary
NameNode
工作机制

这样又会带来新的问题，当内存中的元数据更新时，如果同时更新 Fsimage，就会导致效率很低，但如果不更新，就会发生一致性问题，一旦

NameNode 断电，就会导致数据丢失。因此，引入 Edits 文件（只进行追加操作，效率很高）。每当元数据有更新或者添加元数据时，修改内存中的元数据并追加到 Edits 中。这样，一旦 NameNode 断电，就可以通过 Fsimage 和 Edits 的合并，合成元数据。

但是，如果长时间添加数据到 Edits 中，会导致该文件数据过大，效率降低，而且一旦断电，恢复元数据需要的时间很长。因此，需要定期进行 Fsimage 和 Edits 的合并，如果这个操作由 NameNode 完成，效率又会很低。因此，引入一个新的节点 Secondary NameNode，专门用于 Fsimage 和 Edits 的合并，如图 3-8 所示。

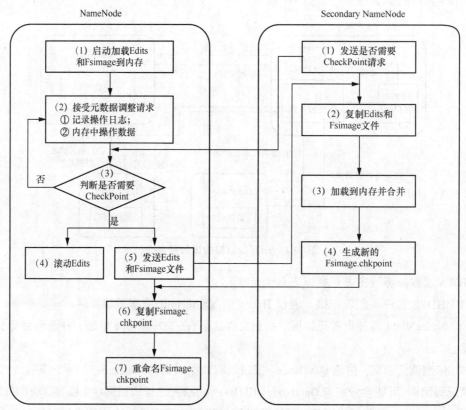

图 3-8　NameNode 和 Second NameNode 工作机制

1. NameNode（NN）的工作机制

（1）启动 NameNode，直接加载 Edits 和 Fsimage 到内存。（如果是第一次启动 NameNode，在其格式化后，则会自动创建 Edits 和 Fsimage 文件。）

（2）接受客户端对元数据进行增删改的请求，主要包括：

①在 NameNode 中记录操作日志，更新滚动日志；

②NameNode 在内存中对数据进行增删改。

（3）接收由 Secondary NameNode 发来的是否进行 CheckPoint 的请求，并进行判断。如果不接受，则继续等待客户端对 NameNode 的请求；如果接受则转入下一步。

（4）滚动正在写的 Edits 日志。

（5）同时，向 Secondary NameNode 发送滚动前的 Edits 和 Fsimage 文件。

（6）复制由 Secondary NameNode 发送的新 Fsimage.chkpoint 文件。

（7）将 Fsimage.chkpoint 重新命名成 fsimage。

2. Secondary NameNode（2NN）的工作机制

（1）Secondary NameNode 向 NameNode 发送是否需要 CheckPoint 的请求。

（2）在 NameNode 同意请求后，Secondary NameNode 开始执行 CheckPoint。首先是复制 NameNode 发送的 Edits 和 Fsimage 文件。

（3）加载 Edits 和 Fsimage 到内存，并合并。

（4）生成新的镜像文件 Fsimage.chkpoint，并发送到 NameNode，在 NameNode 中进行复制。

3.2.4　DataNode 工作机制

DataNode 工作机制如图 3-9 所示。

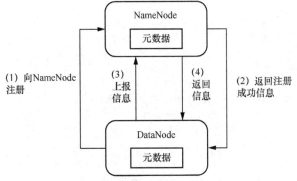

图 3-9　DataNode 工作机制

数据块是以文件的形式存储在 DataNode 上的，包括 2 个文件，一个是数据本身，另一个是包含数据长度、校验和时间戳的元数据。

（1）DataNode 启动后会先向 NameNode 注册。

（2）如果注册成功，NameNode 会向 DataNode 返回注册成功信息。

（3）所有在册的 DataNode 都会周期性地向 NameNode 上报信息，包括：

① 上报所有的块信息（上报周期可定为 1h）；

② 上报心跳信息（周期为 3s/次）。

（4）从 NameNode 返回信息，主要包括：

① 心跳收到信息；

② DataNode 的操作命令（如复制块数据到另一台机器或删除某个数据块等）。

另外，如果 NameNode 超过 10min 没有收到某个 DataNode 的心跳，则 NameNode 就会认为该节点不可用。

🔍【任务实施】

（1）使用 Intellij IDEA（简称 IDEA）创建普通的 Maven 项目。

HDFS Java API

（2）在 pom.xml 文件中添加如下依赖。

```xml
<dependencies>
    <dependency>
        <groupId>junit</groupId>
        <artifactId>junit</artifactId>
        <version>RELEASE</version>
    </dependency>
    <dependency>
        <groupId>org.apache.logging.log4j</groupId>
        <artifactId>log4j-core</artifactId>
        <version>2.8.2</version>
    </dependency>
    <dependency>
        <groupId>org.apache.hadoop</groupId>
        <artifactId>hadoop-common</artifactId>
        <version>2.7.7</version>
    </dependency>
    <dependency>
        <groupId>org.apache.hadoop</groupId>
        <artifactId>hadoop-client</artifactId>
        <version>2.7.7</version>
    </dependency>
    <dependency>
        <groupId>org.apache.hadoop</groupId>
        <artifactId>hadoop-HDFS</artifactId>
        <version>2.7.7</version>
    </dependency>
</dependencies>
```

（3）创建一个类，其中 main()方法如图 3-10 所示。

```java
import org.apache.hadoop.conf.Configuration;
import org.apache.hadoop.fs.FSDataOutputStream;
import org.apache.hadoop.fs.FileSystem;
import org.apache.hadoop.fs.Path;
import org.apache.hadoop.io.IOUtils;
import java.io.File;
import java.io.FileInputStream;
import java.io.IOException;
import java.net.URI;
import java.net.URISyntaxException;
public class HdfsApiTest {
    public static void main(String[] args) throws URISyntaxException, IOException, InterruptedException {

        //1. 获取文件系统
        Configuration configuration=new Configuration();
        FileSystem fs=FileSystem.get(new URI( str: "hdfs://hadoop01:9000"),configuration, user: "root");
        //2. 创建目录
        fs.mkdirs(new Path( pathString: "/film/input1"));
        // 3. 创建输入流
        FileInputStream fis = new FileInputStream(new File( pathname: "D:/film.csv"));
        // 4. 获取输出流
        FSDataOutputStream fos = fs.create(new Path( pathString: "/film/input1/film.csv"));
        // 5. 上传数据
        IOUtils.copyBytes(fis, fos, configuration);
        // 6.关闭资源
        IOUtils.closeStream(fos);
        IOUtils.closeStream(fis);
        fs.close();
    }
}
```

图 3-10　main()方法

其中，FileSystem 是 Hadoop 的文件系统类，该类封装了 HDFS 常见的对目录和文件的操作，通过上传数据实现将本地文件上传至 HDFS，最后释放所用资源。

（4）在浏览器中访问 http://192.168.224.130:50070/explorer.html#/film/input1，如果出现图 3-11 所示的页面，表示文件成功上传。

图 3-11　文件成功上传

任务小结

本工作任务主要讲解了 HDFS。首先，对数据传输、分布式文件系统、HDFS 优缺点等基本内容进行了介绍；其次，在 HDFS 架构和 Shell 操作命令进行讲解的基础上，实现了使用 Shell 完成电影数据的上传；最后，在 HDFS 读写数据流程以及 NameNode、Secondary NameNode 和 DataNode 工作机制说明的基础上，实现了使用 Java API 将采集到的电影数据上传到 Hadoop 集群。

课后习题

一、填空题

1. _____用于维护文件系统名称并管理客户端对文件的访问，_____存储真实的数据块。

2. NameNode 与 DataNode 通过_____机制互相通信。

3. NameNode 以元数据形式维护着_____、_____文件。

二、判断题

1. Secondary NameNode 是 NameNode 的备份，可以有效解决 Hadoop 集群单点故障问题。　　　　　　　　　　　　　　　　　　　　　　　　　　　　（　　）

2. NameNode 负责管理元数据，客户端每次读写请求时，都会从磁盘中读取或写入元数据信息并反馈给客户端。　　　　　　　　　　　　　　　　　　　　（　　）

3. NameNode 本地磁盘保存了数据块的位置信息。　　　　　　　　　　（　　）

三、选择题

1. Hadoop 2.x 中的数据块大小默认是（　　）。

    A．64MB   B．128MB   C．256MB   D．512MB

2. 关于 Secondary NameNode 的表述正确的是（　　）。

    A．它是 NameNode 的热备

    B．它对内存没有要求

    C．它的目的是帮助 NameNode 合并编辑日志，减少 NameNode 启动时间

    D．Secondary NameNode 应与 NameNode 部署到一个节点

3. 客户端上传文件的时候，（　　）。（多选）

    A．数据经过 NameNode 传递给 DataNode

    B．客户端将文件切分为多个 Block，依次上传

    C．客户端只上传数据到一个 DataNode，然后由 NameNode 负责 Block 复制工作

    D．客户端发起文件上传请求，通过 RPC 与 NameNode 建立通信

四、简答题

1. 简述 HDFS 上传文件工作流程。

2. 简述 NameNode 管理分布式文件系统的命名空间的过程。

相关阅读——根服务器

根服务器主要用来管理互联网的主目录。所有根服务器均由美国政府授权的 ICANN（Internet Corporation for Assigned Names and Numbers，互联网名称与数字地址分配机构）统一管理，负责全球互联网域名根服务器、域名体系和 IP 地址等的管理。

最早全世界的 13 台根服务器分布在美国、日本和欧洲。我国只能通过镜像来完成域名解析。在网络服务方面，我国受到很大制约。

经过国家和科技人员的不懈努力，2016 年"雪人计划"之后，在全球共架设了 25 台 IPv6 根服务器，其中包括 3 台主根服务器和 22 台辅根服务器。3 台主根服务器分别位于中国、美国和日本。22 台辅根服务器的分布为：中国三台，美国二台，印度三台，法国三台，德国二台，俄罗斯、意大利、西班牙、奥地利、瑞士、荷兰、智利、南非及澳大利亚分别架设一台辅根服务器。中国共有 4 台 IPv6 根服务器，包括 1 台主根服务器和 3 台辅根服务器。根服务器负责互联网最顶级的域名解析，被称为互联网的"中枢神经"。

工作任务4

配置Hadoop高可用

04

任务概述

作为给用户管理海量数据的 Hadoop 服务器，其可用性的高低直接决定着用户的使用体验。在 HDFS 中，NameNode 是系统的核心节点，存储了各类元数据信息。在 Hadoop 1.0 中，NameNode 只有一个，一旦 NameNode 发生故障，就会导致整个 Hadoop 集群不可用，从而导致单点故障。为了保证 Hadoop 的可靠性，本工作任务将通过 ZooKeeper 进行 Hadoop 高可用的配置。

学习目标

1. 知识目标

了解 Hadoop 高可用的原理及机制。

2. 技能目标

● 掌握如何配置 ZooKeeper 集群。

● 掌握如何配置 Hadoop 高可用。

3. 素养目标

培养严谨的工作作风。

预备知识——服务器的可用性和高可用性

1. 服务器的可用性

服务器的可用性是指单位时间（通常一年）内，服务器可以正常工作的时间比例。

我们都希望所用系统的可用性是 100%，即系统全年都正常提供服务。但这只是一个理想状态下的情况。服务器的可用性一般都以几个 9 来表示，9 越多就代表可用性越强，比如 99%、99.9%、99.99%。

可用性=平均故障间隔时间/(平均故障间隔时间 + 故障恢复平均时间)

在这个计算公式下，可用性为 99%的系统全年停机时间为 3.5 天；可用性为 99.9%的系统全年停机时间为 8.8 小时；可用性为 99.99%的系统全年停机时间为 53 分钟；可用性为 99.999%的系统全年停机时间约为 5 分钟。目前大部分企业的高可用目标是 4 个 9，就是 99.99%，也就是允许这台服务器全年停机时间为 53 分钟。

2. 高可用性

高可用性（High Availability，HA）指的是通过尽量缩短因日常维护操作（计划）和突发的系统崩溃（非计划）所导致的停机时间，以提高系统和应用的可用性。可见，作为企业防止核心计算机系统因故障停机的有效手段，高可用性已成为分布式系统架构设计中必须考虑的因素之一。

想要实现高可用就要避免使用单台服务器。因为单台服务器再强、应用优化得再极致，只要宕机，可用性就不是 100%。所以需要多台机器一起工作，也就是需要集群，方法论中叫做冗余。如果有冗余备份，宕机了还有其他备份能够顶上，这样才可能实现高可用。但是单有集群也不能完全满足复杂业务的高可用，目前业内已经有越来越多的运维人员采用高可用集群软件去保障系统的高可用性。在 Hadoop 中，ZooKeeper 就是这类高可用集群软件的代表。

任务 4.1　配置 ZooKeeper 集群

【任务描述】

配置 ZooKeeper 集群。

【知识链接】

4.1.1　Hadoop 中的单点故障

实现高可用关键的策略就是消除单点故障。在 Hadoop 中，单点故障主要体现在以下两个方面。

- NameNode 发生意外，如宕机，集群将无法使用，直到管理员重启。
- NameNode 需要升级，包括软件、硬件升级，此时集群也将无法使用。

为了解决上述问题，HDFS 的 HA 就通过为 NameNode 配置 Active（活动状态）/Standby（备用状态）两个状态，实现集群中 NameNode 的热备。如果出现故障，如机器崩溃或机器需要升级维护，便可将 NameNode 很快地切换到另外一台机器，从而保证集群提供的服务受到的影响最小。

4.1.2　ZooKeeper 组件

ZooKeeper 通过维护少量协调数据，通知客户端这些数据的改变和监视客户端故障的高可用服务。HA 的自动故障转移依赖于 ZooKeeper 的以下功能。

1. 故障检测

集群中的每个 NameNode 在 ZooKeeper 中维护了一个持久会话，如果机器崩溃，ZooKeeper 中的会话将终止，并通知另一个 NameNode 触发故障转移。

2. 现役 NameNode 选择

ZooKeeper 提供了一个简单的机制用于选择唯一的节点为 Active 状态。如果目前现役 NameNode 崩溃，另一个节点可能从 ZooKeeper 获得特殊的排外锁，以表明它应该成为现役 NameNode。

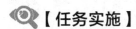 【任务实施】

1. 集群规划

用 3 台服务器构建集群，具体规划内容如表 4-1 所示。

表 4-1　集群的具体规划内容

hadoop01	hadoop02	hadoop03
NameNode	NameNode	
JournalNode	JournalNode	JournalNode
DataNode	DataNode	DataNode
ZooKeeper	ZooKeeper	ZooKeeper
ResourceManager	—	
NodeManager	NodeManager	NodeManager

其中，节点 hadoop01 和 hadoop02 既充当 NameNode，也充当 DataNode；Hadoop03 仅作为 DataNode。

2. 集群部署

在 hadoop01、hadoop02、hadoop03 这 3 个节点上安装 ZooKeeper。

（1）使用 rz 命令将 ZooKeeper 安装包上传到/software 目录下。

（2）解压 ZooKeeper 安装包到/servers 目录下。

```
cd /software
tar -zxvf ZooKeeper-3.4.10.tar.gz -C /servers
```

（3）重命名文件夹。

```
mv ZooKeeper-3.4.10/ ZooKeeper
```

（4）在 ZooKeeper 目录下创建 zkdata 目录用来存放数据。

```
cd ZooKeeper/
mkdir zkdata
```

（5）重命名 conf 目录下的 zoo_sample.cfg 为 zoo.cfg。

```
cd conf
mv zoo_sample.cfg zoo.cfg
```

（6）使用 vi 打开 zoo.cfg 文件，修改或添加如下配置。

```
//修改 dataDir 的值
dataDir= /servers/ZooKeeper/zkdata
//添加如下配置
server.1=192.168.229.130:2888:3888
server.2=192.168.229.131:2888:3888
server.3=192.168.229.132:2888:3888
```

配置完的 ZooKeeper 如图 4-1 所示。

```
# The number of ticks that can pass between
# sending a request and getting an acknowledgement
syncLimit=5
# the directory where the snapshot is stored.
# do not use /tmp for storage, /tmp here is just
# example sakes.
dataDir=/servers/zookeeper/zkdata
server.1=192.168.229.130:2888:3888
server.2=192.168.229.131:2888:3888
server.3=192.168.229.132:2888:3888
# the port at which the clients will connect
clientPort=2181
# the maximum number of client connections.
# increase this if you need to handle more clients
#maxClientCnxns=60
#
# Be sure to read the maintenance section of the
# administrator guide before turning on autopurge.
#
# http://zookeeper.apache.org/doc/current/zookeeperAdmin.html#sc_maintenance
#
# The number of snapshots to retain in dataDir
#autopurge.snapRetainCount=3
```

图 4-1　配置完的 ZooKeeper

配置参数说明如下。

server.A=B:C:D

A 是一个数字，表示这个是第几号服务器。

B 是这个服务器的 IP 地址。

C 是这个服务器与集群中的 Leader（领导者）服务器交换信息的端口。

D 也是一个端口，若集群中的 Leader 服务器挂了，需要一个端口来重新进行选举，选出一个新的 Leader，而这个端口就是用来执行选举时服务器相互通信的端口。

集群模式下配置一个文件 myid，这个文件在 dataDir 目录下，这个文件里面有一个数据就是 A 的值，ZooKeeper 启动时读取此文件，拿到里面的数据与 zoo.cfg 里面的配置信息比较，从而判断到底是哪个 server。

（7）在/servers/ZooKeeper/zkdata 目录下创建一个 myid 文件。

```
cd /servers/ZooKeeper/zkdata
touch myid
```

（8）编辑 myid 文件，在文件中添加与 server 对应的编号，如 1。

（9）复制配置好的 ZooKeeper 到其他机器上。

```
scp -r /servers/ZooKeeper/ hadoop02:/servers
scp -r /servers/ZooKeeper/ hadoop03:/servers
```

（10）分别修改 hadoop02、hadoop03 节点上的 myid 文件中的内容为 2、3。

（11）在 hadoop01 上将 ZooKeeper 添加到环境变量。

```
vi /etc/profile
//在文件末尾处添加如下内容
export ZOOKEEPER_HOME=/servers/ZooKeeper
export PATH="$ZOOKEEPER_HOME/bin:$PATH"
```

退出编辑后，执行 "source /etc/profile" 命令，使配置生效。

然后分别在 hadoop02、hadoop03 上执行相同的操作。

3. 启动 ZooKeeper 集群

（1）分别在 hadoop01、hadoop02、hadoop03 节点上启动 ZooKeeper。

```
zkServer.sh start
```

（2）查看 ZooKeeper 集群状态。

```
[root@hadoop01 ~]# zkServer.sh status
ZooKeeper JMX enabled by default
Using config: /servers/ZooKeeper/bin/../conf/zoo.cfg
Mode: follower

[root@hadoop02 ZooKeeper]# zkServer.sh status
ZooKeeper JMX enabled by default
Using config: /servers/ZooKeeper/bin/../conf/zoo.cfg
Mode: leader

[root@hadoop03 ~]# zkServer.sh status
ZooKeeper JMX enabled by default
Using config: /servers/ZooKeeper/bin/../conf/zoo.cfg
Mode: follower
```

通过状态信息可以看出，集群只有一个 Leader，到此 ZooKeeper 集群配置完成。

任务 4.2   配置 HDFS-HA 集群

配置 HDFS-HA
集群

【任务描述】

配置 HDFS-HA 集群。

【知识链接】

HDFS-HA 集群的工作要点主要如下。

1. 元数据管理

- 内存中各自保存一份元数据。

- Edits 日志只有 Active 状态的 NameNode 可以做写操作。
- HDFS-HA 的两个 NameNode 都可以读取 Edits。
- 共享的 Edits 放在一个共享存储（即 qjournal 进程）中管理。

2. 状态管理

HDFS-HA 实现了一个 zkfailover，常驻在每一个 NameNode 所在的节点，每一个 zkfailover 负责监控自己所在 NameNode，利用"zk"进行状态标识，当需要进行状态切换时，由 zkfailover 来负责切换，切换时需要防止 brain split（脑裂，即同时出现两个 Active 状态的 NameNode）现象的发生。

3. 登录管理

必须保证两个 NameNode 之间能够实现 SSH 免密登录。

4. NameNode 管理

隔离，即同一时刻仅有一个 NameNode 对外提供服务。

🔍【任务实施】

（1）关闭 Hadoop 和 ZooKeeper 集群。

```
//在 hadoop01 上关闭 Hadoop 集群
stop-dfs.sh
stop-yarn.sh
//在 hadoop01、hadoop02、hadoop03 节点上关闭 ZooKeeper 集群
zkServer.sh stop
```

（2）配置 core-site.xml 文件（在 hadoop01 节点上，以下同理），内容如下。

```
<configuration>
    <!-- 把两个 NameNode 的地址组装成一个集群 mycluster -->
    <property>
        <name>fs.defaultFS</name>
        <value>HDFS://mycluster</value>
    </property>
    <property>
        <name>Hadoop.tmp.dir</name>
        <!-- 配置 Hadoop 的临时目录 -->
        <value>/servers/hadoop/tmp</value>
    </property>
</configuration>
```

（3）配置 HDFS-site.xml 文件，内容如下。

```
<configuration>
    <!-- 完全分布式集群名称 -->
    <property>
        <name>dfs.nameservices</name>
        <value>mycluster</value>
    </property>

    <!-- 集群中 NameNode 都有哪些 -->
```

```xml
<property>
    <name>dfs.ha.NameNodes.mycluster</name>
    <value>nn1,nn2</value>
</property>

<!-- nn1 的 RPC 通信地址 -->
<property>
    <name>dfs.NameNode.rpc-address.mycluster.nn1</name>
    <value>hadoop01:9000</value>
</property>

<!-- nn2 的 RPC 通信地址 -->
<property>
    <name>dfs.NameNode.rpc-address.mycluster.nn2</name>
    <value>hadoop02:9000</value>
</property>

<!-- nn1 的 HTTP 通信地址 -->
<property>
    <name>dfs.NameNode.http-address.mycluster.nn1</name>
    <value>hadoop01:50070</value>
</property>

<!-- nn2 的 HTTP 通信地址 -->
<property>
    <name>dfs.NameNode.http-address.mycluster.nn2</name>
    <value>hadoop02:50070</value>
</property>

<!-- 指定 NameNode 元数据在 JournalNode 上的存放位置 -->
<property>
    <name>dfs.NameNode.shared.edits.dir</name>
<value>qjournal://hadoop01:8485;hadoop02:8485;hadoop03:8485/mycluster</value>
</property>

<!-- 配置隔离机制，即同一时刻只能有一台服务器对外响应 -->
<property>
    <name>dfs.ha.fencing.methods</name>
    <value>sshfence</value>
</property>

<!-- 使用隔离机制时需要 SSH 免密登录-->
<property>
    <name>dfs.ha.fencing.ssh.private-key-files</name>
    <value>/root/.ssh/id_rsa</value>
</property>

<!-- 声明 JournalNode 服务器存储目录-->
<property>
    <name>dfs.journalnode.edits.dir</name>
    <value>/servers/hadoop/data/jn</value>
```

```
        </property>

        <!-- 关闭权限检查-->
        <property>
            <name>dfs.permissions.enable</name>
            <value>false</value>
        </property>

        <!-- 访问代理类: client、mycluster、Active 配置失败自动切换实现方式-->
        <property>
            <name>dfs.client.failover.proxy.provider.mycluster</name>
        <value>org.apache.hadoop.HDFS.server.NameNode.ha.
ConfiguredFailoverProxyProvider</value>
        </property>
</configuration>
```

（4）将 Hadoop 的配置文件目录复制到其他节点上。

```
scp -r /servers/hadoop/etc/hadoop/ hadoop02:/servers/hadoop/etc
scp -r /servers/hadoop/etc/hadoop/ hadoop03:/servers/hadoop/etc
```

（5）在各个 JournalNode（hadoop01、hadoop02、hadoop03）上，执行以下命令启动 JournalNode 服务。

```
hadoop-daemon.sh start JournalNode
```

（6）在 nn1（hadoop01）上，对其进行格式化，并启动。

```
HDFS NameNode -format
hadoop-daemon.sh start NameNode
```

（7）在 nn2（hadoop02）上，同步 nn1 的元数据信息，并启动。

```
HDFS NameNode -bootstrapStandby
hadoop-daemon.sh start NameNode
```

（8）查看 Web 页面显示，如图 4-2 和图 4-3 所示。

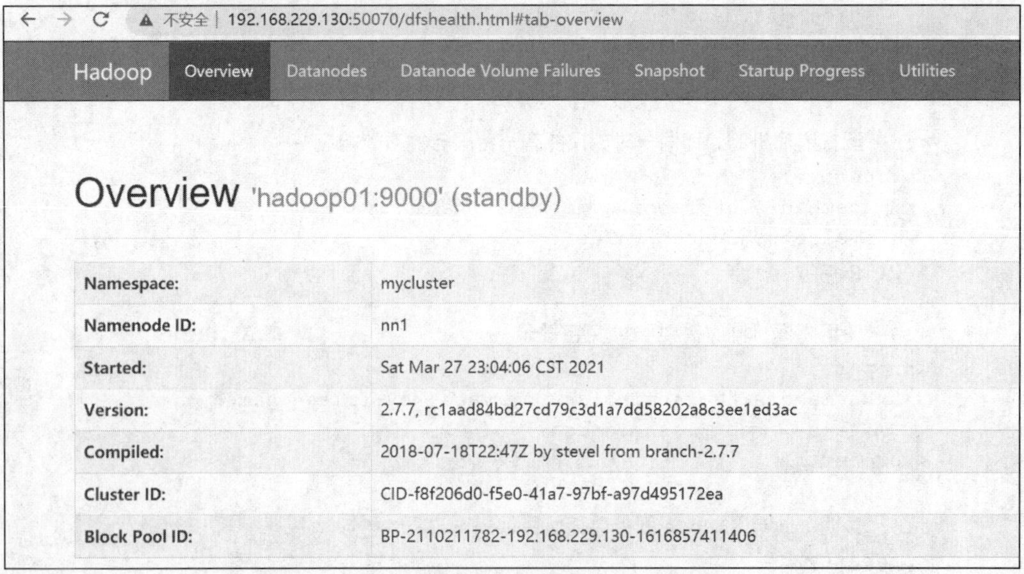

图 4-2 hadoop01

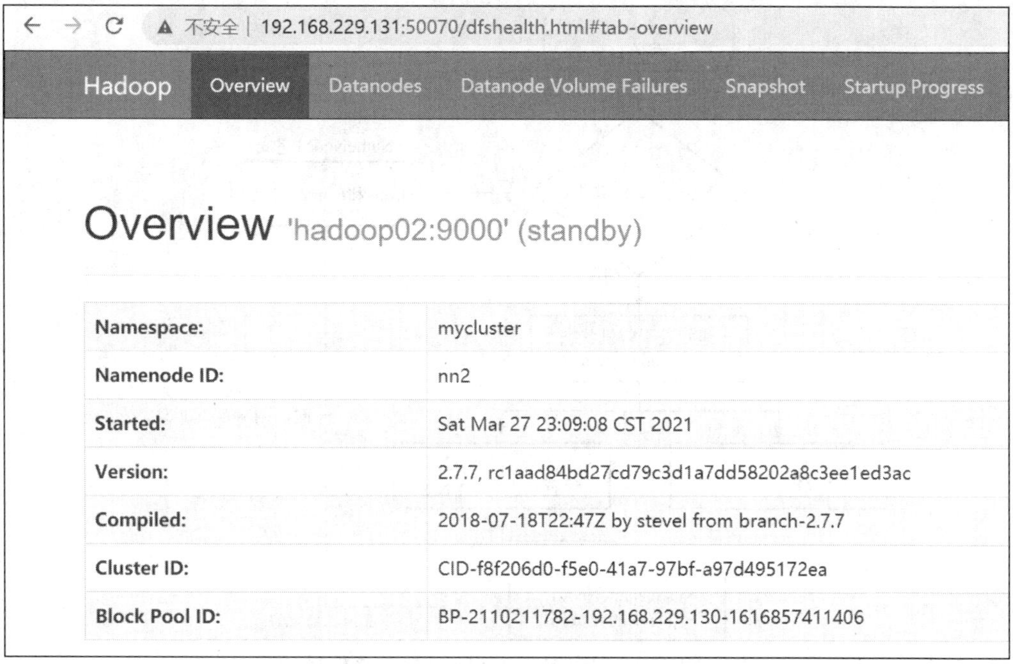

图 4-3　hadoop02

（9）在 nn1 上，启动所有 DataNode。

```
hadoop-daemons.sh start datanode
```

（10）将 nn1 切换为 Active。

```
HDFS haadmin -transitionToActive nn1
```

（11）查看是否为 Active。

```
HDFS haadmin -getServiceState nn1
```

任务 4.3　配置 HDFS-HA 集群自动故障转移

【任务描述】

配置 HDFS-HA 集群自动故障转移，并进行验证。

【知识链接】

4.3.1　自动故障转移机制概述

为了实现高可用，Hadoop 提供了 HDFS-HA 自动故障转移机制。自动故障转移为 HDFS 部署增加了 ZooKeeper 组件和 ZKFC（ZooKeeper Failover Controller）进程，如图 4-4 所示。

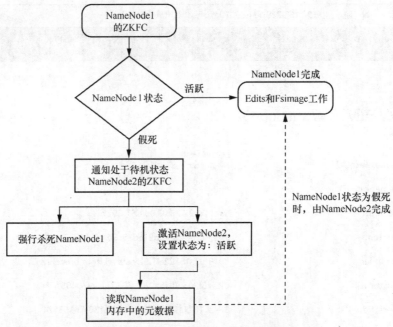

图 4-4　HDFS-HA 自动故障转移机制

同时出现两个 Active（活跃）状态时，就容易出现脑裂（brain split）。HDFS-HA 自动故障转移机制通过如下步骤防止脑裂。

（1）正常情况下，由 NameNode1 节点服务器的内存保存元数据，并完成 Edit 和 Fsimage 工作。

（2）当 NameNode1 节点内存的 ZKFC 进程检测到了其出现假死状态，则会通知另一台处于待机状态的 NameNode 的 ZKFC（如 NameNode2）。

（3）为防止出现脑裂，NameNode2 的 ZKFC 将通过执行 ssh kill -9 NameNode 语句，强行结束处于假死状态的 NameNode1，同时激活本机，使其状态由待机变为活跃。

（4）NameNode2 读取被强行结束的 NameNode1 内存中的元数据。

（5）开始由 NameNode2 完成 Edit 和 Fsimage 工作。

4.3.2　ZKFC

作为一种在 HDFS-HA 集群中集中提供自动故障转移功能服务的关键组件，ZooKeeper 为每个 NameNode 都分配了一个 ZKFC，即每个运行 NameNode 的主机也运行了一个 ZKFC 进程。可以说，ZKFC 是 ZooKeeper 的客户端，用于监控 NameNode 的健康状态，并通过心跳方式定期和 ZooKeeper 保持通信。一旦 NameNode 发生故障，ZooKeeper 会通知 Standby 状态的 NameNode 启动，使其成为 Active 状态，并开始处理客户端请求，从而实现高可用。ZKFC 主要负责如下工作。

1．健康监测

ZKFC 使用一个健康检查命令定期地 ping 与之在相同主机的 NameNode，只要该

NameNode 及时地回复健康状态，ZKFC 便认为该节点是健康的。如果该节点崩溃、冻结或进入不健康状态，健康监测器则标识该节点为非健康的。

2. ZooKeeper 会话管理

如果本地 NameNode 是健康的，ZKFC 会保持一个在 ZooKeeper 中打开的会话。如果本地 NameNode 处于 Active 状态，ZKFC 也会保持一个特殊的 znode 锁，该锁使用了 ZooKeeper 对短暂节点的支持，如果会话终止，锁节点将自动删除。

3. 基于 ZooKeeper 的选择

如果本地 NameNode 是健康的，且 ZKFC 发现没有其他的节点当前持有 znode 锁，它将为自己获取该锁。如果成功，则它已经赢得了选择，并负责运行故障转移进程以使它的本地 NameNode 为 Active 状态。

【任务实施】

（1）关闭 HDFS 服务。

```
stop-dfs.sh
```

（2）参考工作任务 2 实现 hadoop02 向 hadoop01 的 SSH 免密登录。

（3）在 HDFS-site.xml 文件中增加如下配置。

```
<!-- 启用 HDFS 的自动故障转移 -->
<property>
    <name>dfs.ha.automatic-failover.enabled</name>
    <value>true</value>
</property>
```

（4）在 core-site.xml 文件中增加如下配置。

```
<!-- 设置故障转移需要的 ZooKeeper 集群 -->
<property>
    <name>ha.ZooKeeper.quorum</name>
    <value>hadoop01:2181,hadoop02:2181,hadoop03:2181</value>
</property>
```

（5）在其他两个节点 hadoop02、hadoop03 做同样的配置。

（6）在 3 个节点上分别启动 ZooKeeper 集群。

```
zkServer.sh start
```

（7）初始化 HA 在 ZooKeeper 中的状态。

```
HDFS zkfc -formatZK
```

（8）启动 HDFS 服务。

```
start-dfs.sh
```

（9）查看 Web 页面显示，如图 4-5 和图 4-6 所示，一个为 active，另一个为 standby。

（10）开始验证自动故障转移，将 Active NameNode 进程"杀死"。

```
kill -9 NameNode 的进程 ID
```

（11）将 Active NameNode 断开网络。

```
service network stop
```

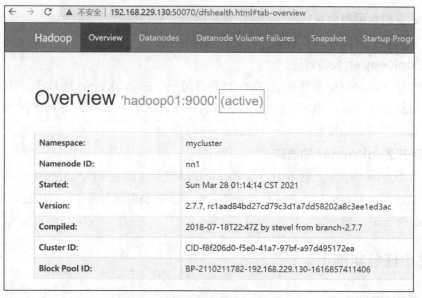

图 4-5　active

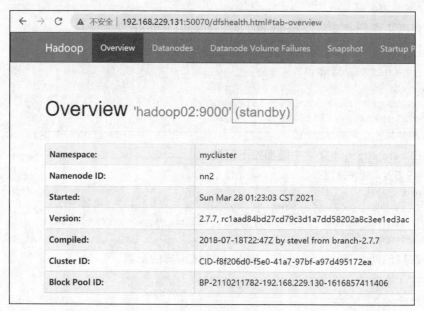

图 4-6　standby

任务小结

本工作任务主要讲解了 Hadoop 高可用集群的配置。首先介绍了服务器的可用性和高可用性的含义；其次，讲解了 Hadoop 中的单点故障，介绍了实现高可用的 ZooKeeper 组件，配置了 ZooKeeper 集群；最后，在讲解 HDFS-HA 集群的工作要点、自动故障转移机制的基础上，配置了 HDFS-HA 集群和自动故障转移，保证了 Hadoop 集群的高可用性。

课后习题

一、填空题

1. 实现高可用关键的策略是_____。

2. HDFS-HA 功能通过配置_____和_____两个 NameNode 实现在集群中对 NameNode 的热备来解决单点故障问题。

二、简答题

1. Hadoop 集群的单点故障主要体现在哪些方面？

2. 简述 Hadoop 集群自动故障转移机制。

相关阅读——航天装备的高可用

我国航天产品的可靠性高，一方面是大量采用了冗余设计技术；另一方面是质量确实过硬。目前长征系列运载火箭各类型号已较为完备，其中用于载人发射的长征二号 F 火箭是当时全世界安全系数最高的火箭之一，其可靠性可达 97%，安全性可达 99.7%，长征三号火箭则可在低温环境下发射。同时我国还有长征三号甲、长征十一号、长征七号等各类型火箭，并掌握了一箭多星发射技术，这些已形成完整的火箭"家谱"，能够把卫星发射到任何人造地球卫星轨道上。2022 年 2 月 26 日上午，长征八号遥二运载火箭在文昌航天发射场点火升空，成功将 22 颗卫星送入预定轨道，再次创造了我国一箭多星发射的新纪录。

工作任务5

数据清洗

05

任务概述

在采集到的电影数据中，并非所有的数据都能直接使用。有些数据是重复、无效的，有些数据则是不需要的，也有部分数据类型需要转换。本工作任务就将对数据进行清洗，并将清洗后的数据上传到 HDFS 集群上。

学习目标

1. 知识目标

了解 MapReduce 的工作原理和流程。

2. 技能目标

掌握使用 Java 编写 MapReduce 程序的方法。

3. 素养目标

培养开放、共赢的合作意识。

预备知识——数据清洗概述

数据清洗（Data Cleaning），最直接的理解就是把数据"洗干净"。作为发现并纠正数据文件中可识别的错误的最后一道程序，数据清洗是对数据进行重新审查和校验的过程，目的是通过检查数据一致性，处理无效值和缺失值等环节，删除重复信息、纠正存在的错误，并提供数据一致性检验。

因为数据仓库中的数据是面向某一主题的数据的集合，这些数据从多个业务系统中抽取而来，而且包含历史数据，这样就避免不了有的数据是错误数据、有的数据相互之间有冲突，这些错误的或有冲突的数据显然是我们不想要的，常被称为"脏数据"。为此，就需要按照一定的规则把"脏数据""洗掉"。而数据清洗的任务是过滤那些不符合要求的数据，将过滤的结果交给业务主管部门，确认是否过滤掉还是由业务单位修正之后再进行抽取。

需要注意的是，数据清洗与问卷审核不同，录入后的数据清洗一般是由计算机而不是人工完成的。

任务 5.1　清洗电影数据

【任务描述】

在本任务中，我们将学习如何利用分布式高性能计算框架 MapReduce 实现对采集到的电影数据进行清洗。

【知识链接】

5.1.1　MapReduce 组件

如前文所述，MapReduce 是 Hadoop 生态系统的三大核心组件之一，是一个分布式运算程序的编程框架，是用户开发"基于 Hadoop 的数据分析应用"的核心框架。

MapReduce 核心功能是将用户编写的业务逻辑代码和自带默认组件整合成一个完整的分布式运算程序，并发运行在一个 Hadoop 集群上。

1. MapReduce 优点

MapReduce 之所以能够称为 Hadoop 的核心组件，是因为其拥有许多其他软件产品所不能替代的优势。

（1）易于编程

MapReduce 通过简单实现一些接口，就能完成一个分布式程序。而这个分布式程序可以分布到大量廉价的 PC 上运行。与传统的编写分布式程序的复杂过程相比，MapReduce 的编程就如同写一个简单的串行程序。就是因为这个特点使得 MapReduce 编程变得非常流行。

（2）良好的扩展性

当所用计算资源不能得到满足时，在 Hadoop 集群中，通过简单增加机器便可快速扩展 MapReduce 的计算能力。

（3）高容错性

MapReduce 设计的初衷就是使程序能够部署在廉价的 PC 上，这就要求它具有很高的容错性。比如其中一台机器宕机，它可以把上面的计算任务转移到另外一台机器上运行，不至于这个任务运行失败，而这个过程不需要人工参与，完全由 Hadoop 内部完成。

（4）适合 PB 级以上海量数据的离线处理

MapReduce 可以实现上千台服务器集群并发工作，提供数据处理能力。

2. MapReduce 的不足

尽管 MapReduce 在分布式计算中占有举足轻重的地位，但因自身的设计，MapReduce 依然存在不足之处，主要如下。

（1）不擅长实时计算

MapReduce 无法像 MySQL 一样，在毫秒级或者秒级内返回结果。

（2）不擅长流式计算

由于 MapReduce 自身的设计特点决定了数据源必须是静态的，而流式计算的输入数据是动态的，因此，MapReduce 不适合在流式计算中使用。

（3）不擅长 DAG 计算

多个应用程序存在依赖关系，后一个应用程序的输入为前一个应用程序的输出。在这种情况下，MapReduce 并不是不能使用，而是使用后，每个 MapReduce 作业的输出结果都会写入磁盘，会造成大量的磁盘 I/O，导致性能非常低。因此，在 DAG 计算场景中几乎不会使用 MapReduce。

5.1.2 MapReduce 编程思想

1. MapReduce 进程

一个完整的 MapReduce 程序在分布式运行时有以下 3 类实例进程。

（1）MrAppMaster：负责整个程序的过程调度及状态协调。

（2）MapTask：负责 Map 阶段的整个数据处理流程。

（3）ReduceTask：负责 Reduce 阶段的整个数据处理流程。

2. MapReduce 核心编程思想

如图 5-1（a）所示，MapReduce 一般需要分成 Map 和 Reduce 2 个阶段。

（1）在 Map 阶段，主要是并发 MapTask，完全并行运行，互不相干（如图 5-1（b）的示例中，并发 2 个 MapTask，每个 MapTask 并行完成各自的分区切分工作）。包括：

① 读数据，并按行处理；

② 按空格切分行内单词；

③ 键值对(单词，1)；

④ 将所有的键值对中的单词，按照单词首字母分成 2 个分区并写到磁盘。

（2）Reduce 阶段，主要是接收 MapTask 的输出，并发完全互不相干的 ReduceTask，完成根据规则的运算。

最后，再将数据运算结果保存到文件中。

可以用统计某个文件中每个单词出现的次数来说明 MapReduce 核心编程思想，其流程如图 5-1（b）所示。

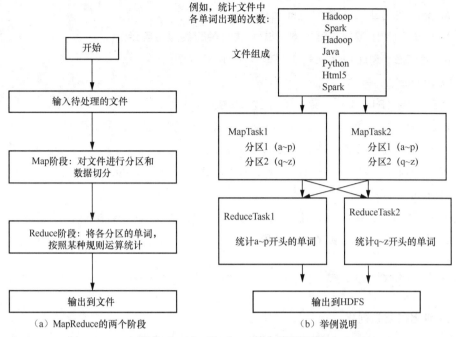

图 5-1 MapReduce 核心编程思想

3. 官方 WordCount 源码说明

我们可以通过分析官方提供的 WordCount 源码的数据流走向,深入理解 MapReduce 核心思想。

采用反编译工具反编译源码,我们发现 WordCount 案例有 Map 类、Reduce 类和驱动类,且数据类型是 Hadoop 自身封装的序列化类型,常用的序列化类型如表 5-1 所示。

表 5-1 常用的数据类型对应的 Hadoop 数据序列化类型

Java 类型	Hadoop Writable 类型
Boolean	BooleanWritable
Byte	ByteWritable
Int	IntWritable
Float	FloatWritable
Long	LongWritable
Double	DoubleWritable
String	Text
Map	MapWritable
Array	ArrayWritable

用户编写的程序分成 3 个部分:Mapper、Reducer 和 Driver。

(1)Mapper

① 用户自定义的 Mapper 要继承自己的父类。

② Mapper 的输入数据是键值对形式(键值对的类型可自定义)。

③ Mapper 中的业务逻辑写在 map() 方法中。

④ Mapper 的输出数据是键值对形式（键值对的类型可自定义）。

⑤ map() 方法（MapTask 进程）对每一个 <K,V> 调用一次。

（2）Reducer

① 用户自定义的 Reducer 要继承自己的父类。

② Reducer 的输入数据类型对应 Mapper 的输出数据类型，也是键值对。

③ Reducer 的业务逻辑写在 reduce() 方法中。

④ ReduceTask 进程对每一组相同 K 的 <K,V> 组调用一次 reduce() 方法。

（3）Driver

相当于 YARN 的客户端，用于提交我们整个程序到 YARN 集群，提交的是封装了 MapReduce 程序相关运行参数的 Job 对象。

5.1.3 Hadoop 序列化

1. 序列化和反序列化

序列化就是把内存中的对象转换成字节序列以便于存储到磁盘（持久化）或网络传输。反序列化就是将收到的字节序列或者是磁盘的持久化数据转换成内存中的对象。

2. 为什么要序列化

一般来说，"活的"对象只生存在内存里，关机断电就没有了。而且"活的"对象只能由本地的进程使用，不能被发送到网络上的另外一台计算机。然而序列化可以存储"活的"对象，可以将"活的"对象发送到远程计算机。

3. Hadoop 的序列化机制

因为 Java 的序列化是一个重量级序列化框架（Serializable），一个对象被序列化后，会附带很多额外的信息（各种校验信息、Header、继承体系等），不便于在网络中高效传输。所以，Hadoop 自己开发了一套序列化机制（Writable），其主要特点如下。

（1）紧凑：高效使用存储空间。

（2）快速：读写数据的额外开销小。

（3）可扩展：随着通信协议的升级而可升级。

（4）互操作：支持多语言的交互。

4. 自定义 Bean 对象实现序列化接口（Writable）

以 FilmBean 类为例，具体实现 Bean 对象序列化需要注意以下 7 点。

（1）必须实现 Writable 接口。

（2）反序列化时，需要反射调用空参构造函数，所以必须有空参构造。

```
public FilmBean() {
}
```

（3）重写序列化方法。

```
//序列化
```

```
@Override
public void write(DataOutput dataOutput) throws IOException {
    dataOutput.writeUTF(filmName);
    dataOutput.writeUTF(releaseDate);
    dataOutput.writeUTF(downDate);
    dataOutput.writeFloat(boxOffice);
    dataOutput.writeUTF(city);
}
```

（4）重写反序列化方法。

```
//反序列化
@Override
public void readFields(DataInput dataInput) throws IOException {
    this.filmName=dataInput.readUTF();
    this.releaseDate=dataInput.readUTF();
    this.downDate=dataInput.readUTF();
    this.boxOffice=dataInput.readFloat();
    this.city=dataInput.readUTF();
}
```

（5）反序列化的顺序和序列化的顺序需完全一致。

（6）要想把结果显示在文件中，需要重写 toString()，可用 "," 分开，方便后续使用。

（7）如果需要将自定义的 Bean 放在 key 中传输，则需要实现 WritableComparable 接口，因为 MapReduce 中的 Shuffle 过程必须要求能对 key 排序。

```
//排序
@Override
public int compareTo(FilmBean o) {
    return (o.filmName+o.city).compareTo(this.filmName+this.city);
}
```

🔍【任务实施】

（1）使用 IDEA 创建普通的 Maven 项目。

（2）在 pom.xml 文件中添加如下依赖。

```
<dependencies>
        <dependency>
            <groupId>junit</groupId>
            <artifactId>junit</artifactId>
            <version>RELEASE</version>
        </dependency>
        <dependency>
            <groupId>org.apache.logging.log4j</groupId>
            <artifactId>log4j-core</artifactId>
            <version>2.8.2</version>
        </dependency>
        <dependency>
            <groupId>org.apache.hadoop</groupId>
            <artifactId>hadoop-common</artifactId>
            <version>2.7.7</version>
        </dependency>
        <dependency>
            <groupId>org.apache.hadoop</groupId>
```

```
            <artifactId>hadoop-client</artifactId>
            <version>2.7.7</version>
        </dependency>
        <dependency>
            <groupId>org.apache.hadoop</groupId>
            <artifactId>hadoop-HDFS</artifactId>
            <version>2.7.7</version>
        </dependency>
    </dependencies>
```

（3）编写自定义的可序列化类 FilmBean。

```java
import org.apache.hadoop.io.Writable;
import org.apache.hadoop.io.WritableComparable;
import java.io.DataInput;
import java.io.DataOutput;
import java.io.IOException;
import java.util.Date;

public class FilmBean implements WritableComparable<FilmBean> {

//电影名称
    private String filmName;
    //上映日期
    private String releaseDate;
    //下映日期
    private  String downDate;
    //票房
    private  float boxOffice;
    //上映城市
    private String city;

    public FilmBean() {

    }

    public FilmBean(String fileName, String releaseDate, String downDate, float
boxOffice, String city) {
        this.filmName = fileName;
        this.releaseDate = releaseDate;
        this.downDate = downDate;
        this.boxOffice = boxOffice;
        this.city = city;
    }

    public String getFileName() {
        return filmName;
    }

    public void setFileName(String fileName) {
        this.filmName = fileName;
    }

    public String getReleaseDate() {
        return releaseDate;
    }

    public void setReleaseDate(String releaseDate) {
        this.releaseDate = releaseDate;
    }
```

```
    public String getDownDate() {
        return downDate;
    }

    public void setDownDate(String downDate) {
        this.downDate = downDate;
    }

    public float getBoxOffice() {
        return boxOffice;
    }

    public void setBoxOffice(float boxOffice) {
        this.boxOffice = boxOffice;
    }

    public String getCity() {
        return city;
    }

    public void setCity(String city) {
        this.city = city;
    }
    //序列化
    @Override
    public void write(DataOutput dataOutput) throws IOException {
        dataOutput.writeUTF(filmName);
        dataOutput.writeUTF(releaseDate);
        dataOutput.writeUTF(downDate);
        dataOutput.writeFloat(boxOffice);
        dataOutput.writeUTF(city);
    }
    //反序列化
    @Override
    public void readFields(DataInput dataInput) throws IOException {
        this.filmName=dataInput.readUTF();
        this.releaseDate=dataInput.readUTF();
        this.downDate=dataInput.readUTF();
        this.boxOffice=dataInput.readFloat();
        this.city=dataInput.readUTF();
    }
    @Override
    public String toString() {
        return filmName+","+releaseDate+","+downDate+","+boxOffice+","+city;
    }
    @Override
    public int compareTo(FilmBean o) {
        return (o.filmName+o.city).compareTo(this.filmName+this.city);
    }
}
```

（4）编写 Clean Mapper 类。

```
import org.apache.hadoop.io.LongWritable;
import org.apache.hadoop.io.NullWritable;
import org.apache.hadoop.io.Text;
import org.apache.hadoop.MapReduce.Mapper;
import java.io.IOException;

public class CleanMapper extends Mapper<LongWritable, Text,FilmBean,
NullWritable> {
    NullWritable v=NullWritable.get();
```

```
        @Override
        protected void map(LongWritable key, Text value, Context context) throws
IOException, InterruptedException {
            String line=value.toString();
            //1.替换中文标点符号
            line=line.replace("; ",";");
            //2.分割
            String[] datas=line.split(";");
            if(datas.length==9){
                //3.获取有效的数据
                //电影名称
                String fileName=datas[0];
            //上映日期转换为 yyyy-MM-dd 格式
                String releaseDate=datas[1];
                SimpleDateFormat format=new SimpleDateFormat("yyyy.MM.dd");
                SimpleDateFormat format1=new SimpleDateFormat("yyyy-MM-dd");
                Date d= null;
                try {
    d = format.parse(releaseDate);
    releaseDate=format1.format(d);
} catch (ParseException e) {
    e.printStackTrace();
}
//下映日期转换为 yyyy-MM-dd 格式
String downDate=datas[2];
try {

    d = format.parse(downDate);
    downDate=format1.format(d);
} catch (ParseException e) {
    e.printStackTrace();
}
//将票房转化为 float 类型
                String boxOfficeStr=datas[7].replace("票房（万）","").trim();
                float  boxOffice=Float.parseFloat(boxOfficeStr);
                //上映城市
                String city=datas[8];
                //4.构建 Bean
                FilmBean filmBean=new FilmBean(fileName,releaseDate,downDate,boxOffice,
city);
                //5.输出
                context.write(filmBean,v);
            }
        }
    }
```

（5）编写 Clean Reducer 类。

```
    import org.apache.hadoop.io.NullWritable;
    import org.apache.hadoop.MapReduce.Reducer;
    import java.io.IOException;
    public class CleanReducer extends Reducer<FilmBean, NullWritable,FilmBean,
NullWritable> {
        NullWritable v=NullWritable.get();
        @Override
        protected void reduce(FilmBean key, Iterable<NullWritable> values, Context
context) throws IOException, InterruptedException {
            context.write(key,v);
        }
    }
```

（6）编写 Clean Driver 类。

```
import org.apache.hadoop.conf.Configuration;
import org.apache.hadoop.fs.Path;
import org.apache.hadoop.io.NullWritable;
import org.apache.hadoop.MapReduce.Job;
import org.apache.hadoop.MapReduce.lib.input.FileInputFormat;
import org.apache.hadoop.MapReduce.lib.output.FileOutputFormat;
import java.io.IOException;
public class CleanDriver {
    public static void main(String[] args) throws IOException, ClassNotFoundException,
InterruptedException {
        //1.获取配置信息以及封装任务
        Configuration configuration=new Configuration();
        Job job=Job.getInstance(configuration);
        //2.设置 JAR 加载路径
        job.setJarByClass(CleanDriver.class);
        //3.设置 MAP 和 Reduce 类
        job.setMapperClass(CleanMapper.class);
        job.setReducerClass(CleanReducer.class);
        //4.设置 MAP 输出
        job.setMapOutputKeyClass(FilmBean.class);
        job.setMapOutputValueClass(NullWritable.class);
        //5.设置最终输出键值对类型
        job.setOutputKeyClass(FilmBean.class);
        job.setMapOutputValueClass(NullWritable.class);
        //6 设置输入和输出路径
        FileInputFormat.setInputPaths(job,new Path(args[0]));
        FileOutputFormat.setOutputPath(job,new Path(args[1]));
        //7 提交
        boolean result = job.waitForCompletion(true);
        System.exit(result ? 0 : 1);
    }
}
```

（7）添加 Maven 打包的插件依赖。

```
<build>
    <plugins>
        <plugin>
            <artifactId>maven-compiler-plugin</artifactId>
            <version>2.3.2</version>
            <configuration>
                <source>1.8</source>
                <target>1.8</target>
            </configuration>
        </plugin>
        <plugin>
            <artifactId>maven-assembly-plugin </artifactId>
            <configuration>
                <descriptorRefs>
                    <descriptorRef>jar-with-dependencies</descriptorRef>
                </descriptorRefs>
                <archive>
                    <manifest>
                        <mainClass>MovieDriver </mainClass>
                    </manifest>
                </archive>
            </configuration>
            <executions>
```

75

```
            <execution>
                <id>make-assembly</id>
                <phase>package</phase>
                <goals>
                    <goal>single</goal>
                </goals>
            </execution>
        </executions>
    </plugin>
</plugins>
</build>
```

（8）双击 package 打包，如图 5-2 所示。

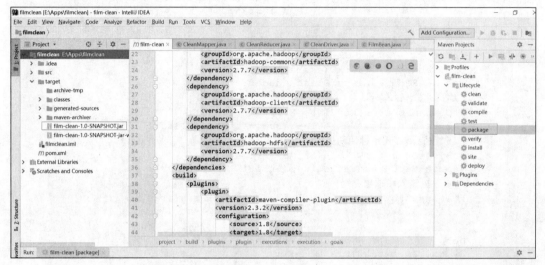

图 5-2　打包

（9）将打好的 jar 包重命名为 "film.jar"。

（10）在 hadoop01 节点上的/servers/hadoop 目录下新建 jars 目录，用来存放打好的 jar 包，并将上一步打好的 jar 包上传到该目录下，如图 5-3 所示。

```
[root@hadoop01 jars]# pwd
/servers/hadoop/jars
[root@hadoop01 jars]# ls
film.jar
```

图 5-3　上传 jar 包

（11）在 Hadoop 集群中新建输出目录，用来存放 MapReduce 的输出结果。

```
hadoop fs -mkdir -p /film/outputs
```

（12）启动 YARN 集群。

```
start-yarn.sh
```

（13）执行 jar 包，运行 MapReduce 程序。

```
hadoop jar film.jar CleanDriver /film/input /film/outputs/cleandata
```

（14）执行结束后，可以查看生成的结果文件，如图 5-4 所示。

```
[root@hadoop01 jars]# hadoop fs -ls /film/outputs/cleandata
Found 2 items
-rw-r--r--   3 root supergroup          0 2021-03-30 11:40 /film/outputs/cleandata/_SUCCESS
-rw-r--r--   3 root supergroup       7551 2021-03-30 11:40 /film/outputs/cleandata/part-r-00000
```

图 5-4　jar 包执行结果

（15）通过 Web 查看结果内容，如图 5-5 所示。

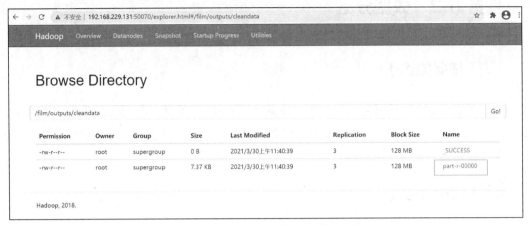

图 5-5　通过 Web 查看 jar 包执行结果

（16）单击 part-r-00000 文件名，即可查看结果内容，如图 5-6 所示。

```
《闯入者》,2015-04-30,2015-05-24,103.6,长沙
《闯入者》,2015-04-30,2015-05-24,103.6,福州
《闯入者》,2015-04-30,2015-05-24,103.6,沈阳
《闯入者》,2015-04-30,2015-05-24,103.6,武汉
《闯入者》,2015-04-30,2015-05-24,103.6,成都
《闯入者》,2015-04-30,2015-05-24,103.6,广州
《闯入者》,2015-04-30,2015-05-24,103.6,天津
《紫霞》,2015-12-11,2015-12-27,4.1,长沙
《紫霞》,2015-12-11,2015-12-27,4.1,济南
《紫霞》,2015-12-11,2015-12-27,4.1,沈阳
《紫霞》,2015-12-11,2015-12-27,4.1,成都
《紫霞》,2015-12-11,2015-12-27,4.1,天津
《紫霞》,2015-12-11,2015-12-27,4.1,北京
《简单爱》,2015-07-03,2015-07-19,232.7,长沙
《简单爱》,2015-07-03,2015-07-19,232.7,沈阳
《简单爱》,2015-07-03,2015-07-19,232.7,武汉
《简单爱》,2015-07-03,2015-07-19,232.7,成都
《简单爱》,2015-07-03,2015-07-19,232.7,广州
《破风》,2015-08-07,2015-09-13,1429.1,福州
《破风》,2015-08-07,2015-09-13,1429.1,济南
《破风》,2015-08-07,2015-09-13,1429.1,沈阳
《破风》,2015-08-07,2015-09-13,1429.1,武汉
《破风》,2015-08-07,2015-09-13,1429.1,成都
《破风》,2015-08-07,2015-09-13,1429.1,北京
《破风》,2015-08-07,2015-09-13,1429.1,上海
《爱之初体验》,2015-08-07,2015-08-23,31.7,长沙
《爱之初体验》,2015-08-07,2015-08-23,31.7,广州
《爱之初体验》,2015-08-07,2015-08-23,31.7,天津
《爱之初体验》,2015-08-07,2015-08-23,31.7,北京
《爱之初体验》,2015-08-07,2015-08-23,31.7,上海
```

图 5-6　jar 包执行结果内容

至此，我们已经完成了数据的清洗，从原数据文件中抽取了有效的数据项——电影名称、上映日期、下映日期、票房、上映城市，对票房进行了数据类型转换，并且对数据进行了去重处理，为接下来的数据分析做好了准备。

任务 5.2 数据分区

【任务描述】

在本任务中，我们将任务 5.1 给出的数据文件的内容按照地区进行分区处理，将北京、上海、广州、天津、长沙 5 个城市的数据分别存储到不同的文件当中，其他城市的数据放在一个文件中。

【知识链接】

5.2.1 切片与 MapTask 并行度决定机制

MapTask 的并行度决定 Map 阶段的任务处理并发度，进而影响到整个 Job 的处理速度。

比如，我们可以这样思考：对于 1GB 的数据，启动 8 个 MapTask，可以提高集群的并发处理能力。那么，若 1KB 的数据也启动 8 个 MapTask，会提高集群性能吗？MapTask 并行任务是否越多越好呢？哪些因素影响了 MapTask 并行度？下面，我们就分析一下 MapTask 的并行度决定机制。

数据块：当大文件存储在 HDFS 上时，HDFS 会把大文件分割成小块，即数据块。数据块是 HDFS 最小的存储单元。

数据切片：数据切片只是在逻辑上对输入进行分片，并不会在磁盘上将其切分成片进行存储。

在理解了数据块和数据切片的基础上，MapTask 的并行度决定机制就可以通过图 5-7 进行说明。

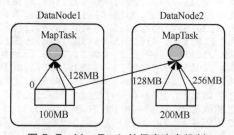

图 5-7　MapTask 并行度决定机制

默认情况下，切片大小等于数据块的大小（如图 5-7 所示，一个数据块的大小为 128MB，所以默认情况下，切片大小就是 128MB）。此时，一个切片就正好对应一个 MapTask，如图 5-7 中虚线所示。

但对数据切片时，并不考虑数据集整体性，而是针对每个文件单独切片。所以也会有小于 128MB 的切片（如图 5-7 中 100MB 的切片）。此时，同样会将这个不足 128MB 的切片交给一个 MapTask，如图 5-7 中实线所示。

可见，一个任务的 MapTask 的并行度由客户端在提交 Job 时的切片数所决定。

5.2.2 MapReduce 工作流程

MapReduce 工作流程包括 MapTask 流程和 ReduceTask 流程，分别如图 5-9 和图 5-10 所示。

1. MapTask 工作流程

MapTask 的工作流程如图 5-8 所示。

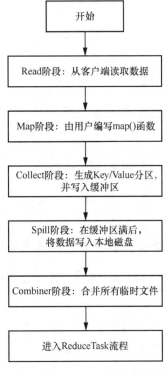

图 5-8 MapTask 的工作流程

从图中可以看出，MapTask 流程可以分为 Read、Map、Collect、Spill 和 Combiner 共 5 个阶段。

（1）Read 阶段

从客户端输入的待处理信息中，解析出一个个 Key/Value。

（2）Map 阶段

将解析出的 Key/Value 交给用户编写 map()函数处理，并产生一系列新的 Key/Value。

（3）Collect 阶段

在用户编写 map()函数中，当数据处理完成后，一般会调用 OutputCollector 输出结果。在该函数内部，它将会生成新的 Key/Value 分区（调用 Partitioner），并写入一个环形内存缓冲区中。

（4）Spill 阶段

Spill 阶段即"溢写"，当环形内存缓冲区满后，MapReduce 会将数据写到本地磁盘上，生成一个临时文件。需要注意的是，将数据写入本地磁盘之前，先要对数据进行一次本地排序，并在必要时对数据进行合并、压缩等操作。

（5）Combiner 阶段

当所有数据处理完成后，MapTask 对所有临时文件进行一次合并，以确保最终只会生成一个数据文件，然后进入 ReduceTask。

2. ReduceTask 工作流程

ReduceTask 工作流程如图 5-9 所示。

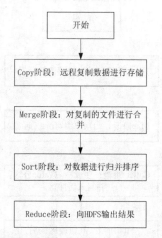

图 5-9　ReduceTask 的工作流程

ReduceTask 流程可分为 Copy、Merge、Sort 和 Reduce 共 4 个阶段。

（1）Copy 阶段

ReduceTask 从各个 MapTask 上远程复制一片数据，并针对某一片数据，如果其大小超过一定阈值，则写到磁盘上，否则直接放到内存中。

（2）Merge 阶段

在远程复制数据的同时，ReduceTask 启动了两个后台线程对磁盘和内存上的文件进行合并，以防止内存使用过多或者磁盘上文件过多。

（3）Sort 阶段

按照 MapReduce 语义，用户编写 reduce() 函数输入数据是按 Key 进行聚集的一组数据，为了将 Key 相同的数据聚在一起，Hadoop 采用了基于排序的策略。由于各个 MapTask 已经实现了对自己的处理结果进行了局部排序，因此，ReduceTask 只需对所有数据进行一次归并排序即可。

（4）Reduce 阶段

Reduce() 函数将计算结果写到 HDFS 上。

👁 **【任务实施】**

（1）在任务 5.1 的数据清洗项目中增加一个分区类，如下。

```java
import org.apache.hadoop.io.NullWritable;
import org.apache.hadoop.MapReduce.Partitioner;
public class FilmPartitioner extends Partitioner<FilmBean, NullWritable> {
    @Override
    public int getPartition(FilmBean filmBean, NullWritable nullWritable, int
numPartitions) {
        int partition=6;
        String city = filmBean.getCity();
        if(city=="北京")
            partition=0;
        if(city=="上海")
            partition=1;
        if(city=="广州")
            partition=2;
        if(city=="天津")
            partition=3;
        if(city=="长沙")
            partition=4;
        return partition;
    }
}
```

（2）在驱动函数中增加自定义数据分区设置和 ReduceTask 设置。

```java
import org.apache.hadoop.conf.Configuration;
import org.apache.hadoop.fs.Path;
import org.apache.hadoop.io.NullWritable;
import org.apache.hadoop.MapReduce.Job;
import org.apache.hadoop.MapReduce.lib.input.FileInputFormat;
import org.apache.hadoop.MapReduce.lib.output.FileOutputFormat;
import java.io.IOException;
public class CleanDriver {
    public static void main(String[] args) throws IOException,
ClassNotFoundException, InterruptedException {
        //1.获取配置信息以及封装任务
        Configuration configuration=new Configuration();
        Job job=Job.getInstance(configuration);
        //2.设置 JAR 加载路径
        job.setJarByClass(CleanDriver.class);
        //3.设置 Map 和 Reduce 类
        job.setMapperClass(CleanMapper.class);
        job.setReducerClass(CleanReducer.class);
        //4.设置 Map 输出
        job.setMapOutputKeyClass(FilmBean.class);
        job.setMapOutputValueClass(NullWritable.class);
        //5.设置最终输出键值对类型
        job.setOutputKeyClass(FilmBean.class);
```

```
        job.setMapOutputValueClass(NullWritable.class);
        //6.设置输入和输出路径
        FileInputFormat.setInputPaths(job,new Path(args[0]));
        FileOutputFormat.setOutputPath(job,new Path(args[1]));
        //7.指定自定义数据分区
        job.setPartitionerClass(FilmPartitioner.class);
        //8.同时指定相应数量的ReduceTask
        job.setNumReduceTasks(6);
        //9.提交
        boolean result = job.waitForCompletion(true);
        System.exit(result ? 0 : 1);
    }
}
```

通过 setPartitionerClass()函数指定分区类，同时通过 setNumReduceTasks()函数指定分区的数量，该数量要大于等于分区类中设置的个数 6，否则会抛出异常。

（3）将项目重新打包编译，并将生成的 jar 包重命名为 film1.jar。

（4）将 film1.jar 上传至 Hadoop 集群下的/servers/hadoop/jars 目录。

（5）执行如下命令。

```
hadoop jar film1.jar CleanDriver /film/input /film/outputs/cleandata1
```

（6）通过 Web 查看结果内容，将会看到有 6 个分区文件，北京、上海、广州、天津、长沙 5 个城市的数据在单独的文件中，其他城市的数据在同一个文件中。

任务小结

本工作任务主要讲解了 MapReduce 程序的相关知识。首先介绍了 MapReduce 组件的编程思想以及 Hadoop 进行序列化的原因，并基于此完成了对电影数据的清洗；然后介绍了数据切片的知识，梳理了 MapReduce 的工作流程，并对电影数据进行了数据分区。通过本工作任务的学习，初学者可以了解 MapReduce 计算框架的思想并且能够使用 MapReduce 解决实际问题。

课后习题

一、填空题

1. 在 MapReduce 中，_____阶段负责将任务分解，_____阶段负责将任务合并。

2. 一个完整的 MapReduce 程序在分布式运行时有 3 类实例进程，分别是_____、_____、_____。

二、判断题

1. Map 阶段处理数据时，是按照 key 的哈希值与 ReduceTask 数量取模进行分区的规则。

（　　）

2．分区数量是 ReduceTask 的数量。 （　　　）

3．在 MapReduce 程序中，必须开发 Map 和 Reduce 相应的业务代码才能执行程序。（　　　）

三、选择题

1．MapReduce 适用于（　　　）。

　　A．任意应用程序

　　B．任意可以运行在 Windows Server 2008 上的应用程序

　　C．可以串行处理的应用程序

　　D．可以并行处理的应用程序

2．下面关于 MapReduce 模型中 Map 函数与 Reduce 函数的描述正确的是（　　　）。

　　A．一个 Map 函数就是对一部分原始数据进行指定的操作

　　B．一个 Map 操作就是对每个 Reduce 所产生的一部分中间结果进行合并操作

　　C．Map 与 Map 之间不是相互独立的

　　D．Reduce 与 Reduce 之间不是相互独立的

3．MapReduce 自定义排序规则需要重写（　　　）方法。

　　A．readFields()　　　　　　　　　　B．compareTo()

　　C．map()　　　　　　　　　　　　　D．reduce()

四、简答题

1．简述 HDFS 块与 MapReduce 分片之间的联系。

2．简述 MapReduce 工作流程。

相关阅读——深度学习开源平台飞桨

　　飞桨（PaddlePaddle）以百度多年的深度学习技术研究和业务应用为基础，集深度学习核心训练和推理框架、基础模型库、端到端开发套件、丰富的工具组件于一体，是我国较早的自主研发、功能完备、开源开放的产业级深度学习平台。

　　自 2018 年 7 月，能够提供从数据预处理到模型部署在内的深度学习全流程的底层能力支持的开源框架 v0.14 发布，截至 2022 年 12 月，飞桨已汇聚 535 万开发者，服务 20 万家企事业单位，构建了 67 万个模型。飞桨已经成为中国深度学习市场应用规模第一的深度学习框架和赋能平台。

　　飞桨的出现及发展，让深度学习技术的创新与应用更简单。这也符合"加快实施创新驱动发展战略，增强自主创新能力"的新要求。在数据预处理方面，飞桨框架在 paddle.vision.transforms 下内置了数十种图像数据处理方法。通过对数据进行特定的处理（如图像的裁剪、翻转、调整亮度等），以增加样本的多样性，从而增强模型的泛化能力。

工作任务6

使用MapReduce统计
电影上映情况与排序

06

任务概述

  大数据采集、清洗的目的，是方便后续利用程序对其进行统计分析。本工作任务将在完成电影数据清洗的基础上完成两个重要的统计工作，第一个是统计每部电影上映的次数，第二个是统计每部电影的上映天数和平均票房，并按平均票房进行降序排列。

学习目标

1. 知识目标
了解数据统计的特点。

2. 技能目标
掌握使用 MapReduce 实现数据分析的方法。

3. 素养目标
培养追求卓越的作风。

预备知识——数据统计概述

1. 统计信息的特点

  统计工作通过搜集、汇总、计算与分析统计数据来反映事物的面貌与发展规律。统计信息有两个鲜明的特点。一是数量性。即通过数字揭示事物在特定时间方面的数量特征，帮助我们对事物进行定量乃至定性分析，从而做出正确的决策。正因如此，统计信息正越来越多地和其他信息结合在一起，如情报信息、商品信息等；而诸如此类信息，尚能以统计数字显示或以统计数字为依据，则可利用程度也大大提高。二是综合性。世间一切事物都具有普遍联系。统计信息从整体上看，涉及国民经济各个行业，社会、文化、科技各个领域和人民生活的各个方面，也涉及宏观与微观的各个领域和环节。利用统计信息，不仅可以对事物本身进行定量、定性分析，而且可以对不同事物进行有联系的综合性分析，既可横向对比，也可总结历史、预测未来。

2. 数据统计的特点

数据统计是对数据用适当的方法进行分析，然后再将其汇总和理解，用数据进行最直观的表达，用于历史资料、科学实验、检验、统计等领域。数据统计具有以下几个方面的特点。

（1）从整体上反映和分析事物数量特征，观察事物的本质和发展规律，做出正确的判断。例如，只有对大量的生育人口进行观察才能得出男孩、女孩的出生比例，若只对个别家庭观察是很难得出客观结论的。

（2）从宏观上看，数据统计是国家宏观调控和管理的重要工具。

（3）从微观上看，数据统计是企业管理与决策的依据。

（4）日常生活中，数据统计可以用于宣传。

（5）数据统计是进行科学研究的重要方法。

任务 6.1 统计每部电影上映的次数

统计每部电影
上映的次数

◎【任务描述】

在本任务中，我们将使用 Java 编写 MapReduce 程序，实现统计每部电影出现的次数。

◎【任务实施】

（1）使用 IDEA 创建普通的 Maven 项目。

（2）在 pom.xml 文件中添加如下依赖。

```
<dependencies>
    <dependency>
        <groupId>junit</groupId>
        <artifactId>junit</artifactId>
        <version>RELEASE</version>
    </dependency>
    <dependency>
        <groupId>org.apache.logging.log4j</groupId>
        <artifactId>log4j-core</artifactId>
        <version>2.8.2</version>
    </dependency>
    <dependency>
        <groupId>org.apache.hadoop</groupId>
        <artifactId>hadoop-common</artifactId>
        <version>2.7.7</version>
    </dependency>
    <dependency>
        <groupId>org.apache.hadoop</groupId>
        <artifactId>hadoop-client</artifactId>
```

```
            <version>2.7.7</version>
        </dependency>
        <dependency>
            <groupId>org.apache.hadoop</groupId>
            <artifactId>hadoop-HDFS</artifactId>
            <version>2.7.7</version>
        </dependency>
    </dependencies>
```

（3）编写 FilmCount Mapper 类。

```java
import org.apache.hadoop.io.IntWritable;
import org.apache.hadoop.io.LongWritable;
import org.apache.hadoop.io.Text;
import org.apache.hadoop.MapReduce.Mapper;
import java.io.IOException;

public class FilmCountMapper extends Mapper<LongWritable, Text,Text, IntWritable> {
    Text k=new Text();
    IntWritable v=new IntWritable(1);
    @Override
    protected void map(LongWritable key, Text value, Context context) throws
IOException, InterruptedException {
        String line=value.toString();
        //1.切割
        String[] datas=line.split(",");
        //2.输出
        //电影名称作为 key
        k.set(datas[0]);
        context.write(k,v);
    }
}
```

（4）编写 FilmCount Reducer 类。

```java
import org.apache.hadoop.io.IntWritable;
import org.apache.hadoop.io.Text;
import org.apache.hadoop.MapReduce.Reducer;
import java.io.IOException;
public class FilmCountReducer extends Reducer<Text, IntWritable,Text, IntWritable> {
    IntWritable v=new IntWritable();
    int sum;
    @Override
    protected void reduce(Text key, Iterable<IntWritable> values, Context context)
throws IOException, InterruptedException {
        sum=0;
        //1.累加求和
        for (IntWritable count:values){
            sum+=count.get();
        }
        //2.输出
        v.set(sum);
        context.write(key,v);
    }
}
```

（5）编写 FilmCount Driver 类。

```java
import org.apache.hadoop.conf.Configuration;
import org.apache.hadoop.fs.Path;
import org.apache.hadoop.io.IntWritable;
```

```
import org.apache.hadoop.io.Text;
import org.apache.hadoop.MapReduce.Job;
import org.apache.hadoop.MapReduce.lib.input.FileInputFormat;
import org.apache.hadoop.MapReduce.lib.output.FileOutputFormat;

import java.io.IOException;
public class FilmCountDriver {
    public static void main(String[] args) throws IOException, ClassNotFoundException,
InterruptedException {
        //1.获取配置信息以及封装任务
        Configuration configuration=new Configuration();
        Job job=Job.getInstance(configuration);
        //2.设置 JAR 加载路径
        job.setJarByClass(FilmCountDriver.class);
        //3.设置 Map 和 Reduce 类
        job.setMapperClass(FilmCountMapper.class);
        job.setReducerClass(FilmCountReducer.class);
        //4.设置 Map 输出
        job.setMapOutputKeyClass(Text.class);
        job.setMapOutputValueClass(IntWritable.class);
        //5.设置最终输出键值对类型
        job.setOutputKeyClass(Text.class);
        job.setMapOutputValueClass(IntWritable.class);
        //6.设置输入和输出路径
        FileInputFormat.setInputPaths(job,new Path(args[0]));
        FileOutputFormat.setOutputPath(job,new Path(args[1]));
        //7.提交
        boolean result = job.waitForCompletion(true);
        System.exit(result ? 0 : 1);
    }
}
```

（6）双击 package 打包，将打好的 jar 包重命名为 film-count.jar。

（7）将 jar 包上传到 hadoop01 节点上的/servers/hadoop/jars 目录。

（8）执行 jar 包，运行 MapReduce 程序。

```
hadoop jar film-count.jar FilmCountDriver /film/outputs/cleandata /film/outputs/
filmcount
```

（9）执行结束后，查看统计结果，如图 6-1 所示。

```
《一念天堂》     9
《一路惊喜》     8
《万物生长》     8
《冲上云霄》     7
《分手再说我爱你》  6
《天将雄师》     7
《失孤》      5
《将错就错》     7
《怦然星动》     7
《既然青春留不住》   6
《最美的时候遇见你》    4
《浪漫天降》     7
《爱之初体验》 5
《破风》      7
《简单爱》     5
《紫霞》      6
《闯入者》     7
```

图 6-1　统计每部电影出现的次数

任务 6.2　统计每部电影的上映天数和平均票房

🔍【任务描述】

在本任务中，我们将使用 Java 编写 MapReduce 程序，实现统计每部电影的上映天数和平均票房。

🔍【任务实施】

（1）编写 Film Mapper 类。

```java
import org.apache.hadoop.io.LongWritable;
import org.apache.hadoop.io.Text;
import org.apache.hadoop.MapReduce.Mapper;
import java.io.IOException;

public class FilmMapper extends Mapper<LongWritable, Text,Text,Text> {
    Text k=new Text();
    @Override
    protected void map(LongWritable key, Text value, Context context) throws
 IOException, InterruptedException {
        String line=value.toString();
        // 1.分割
        String[] datas=line.split(",");
        // 2.输出
        k.set(datas[0]);//电影名称作为 key
        context.write(k,value);
    }
}
```

（2）编写 Film Reducer 类。

```java
import org.apache.hadoop.io.Text;
import org.apache.hadoop.MapReduce.Reducer;
import java.io.IOException;
import java.text.ParseException;
import java.text.SimpleDateFormat;
import java.util.ArrayList;
import java.util.Comparator;
import java.util.Date;
import java.util.List;

public class FilmReducer extends Reducer<Text,Text,Text,Text> {
    float sum=0;
    Text v=new Text();
    @Override
    protected void reduce(Text key, Iterable<Text> values, Context context)
throws IOException, InterruptedException {
        sum=0;
        //上映日期列表
        List<Date> releaseDateList=new ArrayList<>();
        //下映日期列表
        List<Date> downDateList=new ArrayList<>();
        for (Text value:values){
```

```java
        //1.分割
        String line=value.toString();
        String[] datas=line.split(",");
        //2.获取上映和下映日期
        SimpleDateFormat format=new SimpleDateFormat("yyyy.MM.dd");
        try {
            //放入列表中
          releaseDateList.add(format.parse(datas[1]));
          downDateList.add(format.parse(datas[2])) ;
        } catch (ParseException e) {
            e.printStackTrace();
        }
        //3.累加票房求和
        sum+=Float.parseFloat(datas[3]);
    }
//4.计算上映天数
//获取最小上映日期
Date minDate= releaseDateList.stream().min(new Comparator<Date>() {
    @Override
    public int compare(Date o1, Date o2) {
        return o1.compareTo(o2);
    }
}).get();

//获取最大下映日期
Date maxDate=downDateList.stream().max(new Comparator<Date>() {
    @Override
    public int compare(Date o1, Date o2) {
        return o1.compareTo(o2);
    }
}).get();

int days = (int) ((maxDate.getTime() - minDate.getTime()) / (1000*3600*24))+1;

//5.计算平均票房
float averageBoxOffice=sum/days;

//6.输出
v.set(days+","+averageBoxOffice);
context.write(key,v);
    }
}
```

（3）编写 Film Driver 类。

```java
import org.apache.hadoop.conf.Configuration;
import org.apache.hadoop.fs.Path;
import org.apache.hadoop.io.IntWritable;
import org.apache.hadoop.io.Text;
import org.apache.hadoop.MapReduce.Job;
import org.apache.hadoop.MapReduce.lib.input.FileInputFormat;
import org.apache.hadoop.MapReduce.lib.output.FileOutputFormat;

import java.io.IOException;

public class FilmDriver {
    public static void main(String[] args) throws IOException,
ClassNotFoundException, InterruptedException {
        //1.获取配置信息以及封装任务
        Configuration configuration=new Configuration();
```

```
        Job job=Job.getInstance(configuration);
        //2.设置 JAR 加载路径
        job.setJarByClass(FilmDriver.class);
        //3.设置 Map 和 Reduce 类
        job.setMapperClass(FilmMapper.class);
        job.setReducerClass(FilmReducer.class);
        //4.设置 Map 输出
        job.setMapOutputKeyClass(Text.class);
        job.setMapOutputValueClass(Text.class);
        //5.设置最终输出键值对类型
        job.setOutputKeyClass(Text.class);
        job.setOutputValueClass(Text.class);
        //6.设置输入和输出路径
        FileInputFormat.setInputPaths(job,new Path(args[0]));
        FileOutputFormat.setOutputPath(job,new Path(args[1]));
        //7.提交
        boolean result = job.waitForCompletion(true);
        System.exit(result ? 0 : 1);
    }
}
```

（4）双击 package 打包，将打好的 jar 包重命名为 film-syts-pjpf.jar。

（5）将 jar 包上传到 hadoop01 节点上的"/servers/hadoop/jars"目录。

（6）执行 jar 包，运行 MapReduce 程序。

```
hadoop jar film-syts-pjpf.jar FilmDriver /film/outputs/cleandata /film/
outputs/film-syts-pjpf
```

（7）执行结束后，查看统计结果，如图 6-2 所示。

```
《一念天堂》       45,165.9
《一路惊喜》       31,251.50969
《万物生长》       38,301.43155
《冲上云霄》       39,280.5923
《分手再说我爱你》  25,41.567997
《天将雄师》       47,1108.5616
《失孤》          45,240.87778
《将错就错》       25,111.271996
《怦然星动》       39,286.08463
《既然青春留不住》  31,96.83226
《最美的时候遇见你》 17,3.5764706
《浪漫天降》       17,30.964706
《爱之初体验》     17,9.323529
《破风》          38,263.25525
《简单爱》        17,68.44118
《紫霞》          17,1.4470588
《闯入者》        25,29.007998
```

图 6-2　统计每部电影的上映天数和平均票房

任务 6.3　按平均票房降序排列

【任务描述】

在本任务中，我们将在任务 6.2 的基础上实现按平均票房降序排列。

🔍【任务实施】

（1）编写 FilmBean 类。

```java
import org.apache.hadoop.io.WritableComparable;
import java.io.DataInput;
import java.io.DataOutput;
import java.io.IOException;
public class FilmBean implements WritableComparable<FilmBean> {
    public FilmBean() {
    }
    public int getDays() {
        return days;
    }
    public void setDays(int days) {
        this.days = days;
    }
    public float getAverageBoxOffice() {
        return averageBoxOffice;
    }
    public void setAverageBoxOffice(float averageBoxOffice) {
        this.averageBoxOffice = averageBoxOffice;
    }
    public String getFileName() {
        return fileName;
    }
    public void setFileName(String fileName) {
        this.fileName = fileName;
    }
    private  String fileName;
    private  int days;
    private  float averageBoxOffice;

    @Override
    public int compareTo(FilmBean o) {
        if(this.averageBoxOffice==o.averageBoxOffice){
            return 0;
        }
        else{
            return this.averageBoxOffice>o.averageBoxOffice?-1:1;
        }
    }

    @Override
    public void write(DataOutput out) throws IOException {

        out.writeUTF(fileName);
        out.writeInt(days);
        out.writeFloat(averageBoxOffice);
```

```
    }

    @Override
    public void readFields(DataInput in) throws IOException {

        this.fileName=in.readUTF();
        this.days=in.readInt();
        this.averageBoxOffice=in.readFloat();
    }

    @Override
    public String toString() {
        return fileName+","+ days+","+averageBoxOffice;
    }
}
```

（2）编写 Film Mapper 类。

```
import org.apache.hadoop.io.LongWritable;
import org.apache.hadoop.io.NullWritable;
import org.apache.hadoop.io.Text;
import org.apache.hadoop.MapReduce.Mapper;
import java.io.IOException;

public class FilmMapper extends Mapper<LongWritable, Text, FilmBean,
NullWritable> {
    FilmBean k=new FilmBean();
    NullWritable v=NullWritable.get();
    @Override
    protected void map(LongWritable key, Text value, Context context) throws
IOException, InterruptedException {
        String line= value.toString();
        //1.分割
        String[] datas=line.split("\t");
        String[] beanDatas=datas[1].split(",");
        //2.输出
        k.setFileName(datas[0]);
        k.setDays(Integer.parseInt(beanDatas[0]));
        k.setAverageBoxOffice(Float.parseFloat(beanDatas[1]));
        context.write(k,v);
    }
}
```

（3）编写 Film Reducer 类。

```
import org.apache.hadoop.io.NullWritable;
import org.apache.hadoop.MapReduce.Reducer;

import java.io.IOException;

public class FilmReducer extends Reducer<FilmBean, NullWritable,FilmBean,
NullWritable> {
```

```
        @Override
        protected void reduce(FilmBean key, Iterable<NullWritable> values, Context
context) throws IOException, InterruptedException {
            for (NullWritable value:values){
                context.write(key,value);
            }
        }
    }
}
```

（4）编写 Film Driver 类。

```
import org.apache.hadoop.conf.Configuration;
import org.apache.hadoop.fs.Path;
import org.apache.hadoop.io.NullWritable;
import org.apache.hadoop.io.Text;
import org.apache.hadoop.MapReduce.Job;
import org.apache.hadoop.MapReduce.lib.input.FileInputFormat;
import org.apache.hadoop.MapReduce.lib.output.FileOutputFormat;

import java.io.IOException;

public class FilmDriver {
    public static void main(String[] args) throws IOException, ClassNotFoundException,
InterruptedException {
        //1.获取配置信息以及封装任务
        Configuration configuration=new Configuration();
        Job job=Job.getInstance(configuration);
        //2.设置 JAR 加载路径
        job.setJarByClass(FilmDriver.class);
        //3.设置 Map 和 Reduce 类
        job.setMapperClass(FilmMapper.class);
        job.setReducerClass(FilmReducer.class);
        //4.设置 Map 输出
        job.setMapOutputKeyClass(FilmBean.class);
        job.setMapOutputValueClass(NullWritable.class);
        //5.设置最终输出键值对类型
        job.setOutputKeyClass(FilmBean.class);
        job.setOutputValueClass(NullWritable.class);
        //6.设置输入和输出路径
        FileInputFormat.setInputPaths(job,new Path(args[0]));
        FileOutputFormat.setOutputPath(job,new Path(args[1]));
        //7.提交
        boolean result = job.waitForCompletion(true);
        System.exit(result ? 0 : 1);
    }
}
```

（5）打包完成后上传到 HDFS，然后运行如下指令。

```
hadoop jar film-syts-pjpf-sort.jar FilmDriver /film/outputs/film-syts-pjpf
/film/outputs/film-syts-pjpf-sort
```

（6）执行 JAR 包的结果如图 6-3 所示。

```
《天将雄师》,47,1108.5616
《万物生长》,38,301.43155
《怦然星动》,39,286.08463
《冲上云霄》,39,280.5923
《破风》,38,263.25525
《一路惊喜》,31,251.50969
《失孤》,45,240.87778
《一念天堂》,45,165.9
《将错就错》,25,111.271996
《既然青春留不住》,31,96.83226
《简单爱》,17,68.44118
《分手再说我爱你》,25,41.567997
《浪漫天降》,17,30.964706
《闯入者》,25,29.007998
《爱之初体验》,17,9.323529
《最美的时候遇见你》,17,3.5764706
《紫霞》,17,1.4470588
```

图 6-3　按平均票房降序排列

任务小结

本工作任务主要是通过统计电影出现的次数和电影的上映天数、平均票房以及按平均票房进行排序来强化对 MapReduce 的理解和应用。通过本工作任务的学习，读者可以编写 MapReduce 程序来进行简单的数据统计分析。

课后习题

编程题

1. 现有数据文本文件 number.txt，内容如下，请将该文本文件内容重复的数据删除。

```
118569
118569
335816
123456
963807
963807
118555
118569
```

2. 现有一组数据，内容如下，请利用 MapReduce 将下列数据倒序输出。

```
10 3 8 7 6 5 1 2 9 4
11 12 17 14 15 20
19 18 13 16
```

相关阅读——许宝騄，中国统计学家的先驱

许宝騄先生 1910 年 9 月 1 日生于北京。1928 年，他在燕京大学学化学专业，一年后他进入清华大学学数学专业，并在 1932 年取得学士学位。1934 年，他成为北京大学的教师。

1936 年，他赴英国伦敦大学学院就读。他在 E. S. 皮尔逊（Pearson）指导下做研究，并在 1938 年取得 Ph.D（哲学博士）学位，1940 年取得 D.Sc（科学博士）学位。他的老师内曼（Neyman）说过，许宝騄是他最杰出的学生。

1955 年，许宝騄先生成为中国政治协商会的一名委员。同年，他与其他著名的数学家如华罗庚、苏步青等一起被选为中国科学院学部委员。

许宝騄先生在统计推断和多元分析等方面做了一系列理论性和开创性的工作，把许多数学中的分支（如矩阵论、函数论、测度论）等引进统计学，使统计学中的许多问题的理论基础更加深厚，逐渐形成了统计学中的一个主流方面——数理统计。在新中国成立后的相当长的一段时间里，研究机构和一些大学往往将统计学称为数理统计，其实把数理统计视为统计学的一个主要分支似乎更妥当些。可以说，许宝騄先生是数理统计这一方向的奠基人之一。

工作任务7

数据建仓

07

任务概述

数据库和数据仓库都是管理数据的重要工具。在 Hadoop 集群中，可以通过 Hive 组件实现数据仓库的功能。本工作任务将学习数据仓库 Hive，通过编写类 SQL 语句，轻松实现数据的建仓操作。

学习目标

1. 知识目标

- 理解 Hive 原理和本质。
- 掌握常用的 HQL 语句。

2. 技能目标

- 掌握 Hive 的安装及配置方法。
- 掌握使用 HQL 语句进行建库、建表，并且导入数据的方法。

3. 素养目标

培养安全意识。

数据库与数据
仓库

预备知识——数据库与数据仓库

1. 数据库

随着计算机处理的业务日益复杂、数据量急剧增长、应用系统对共享数据集合的要求越来越强烈，数据库技术应运而生。数据库（Database）就是按照一定的数据结构（数据的组织形式或数据之间的联系）进行组织、存储和管理数据的仓库。通过数据库提供的多种方式，可以方便地管理数据库里的数据。

2. 数据仓库

随着数据分析、辅助决策等技术需求的日益增多，人们在某些领域开始采用数据仓库

（Data Warehouse）完成对数据的存储。可以简单理解为，数据仓库是数据库概念的升级。

在实践中，数据仓库存储的主要是历史数据，并通过维度表来对数据进行分析。作为一个面向主题的、集成的、相对稳定的、反映历史变化的数据集合，数据仓库通过系统分析、整理和组织大量的历史数据，以联机分析处理（Online Analytical Processing，OLAP）和数据挖掘等各种方法，帮助决策者快速、有效地从大量数据中分析出有价值的信息，以实现辅助决策，构建商业智能。

但传统的数据仓库无法满足快速增长的海量数据存储需求，在处理不同类型的数据方面性能也相对较弱。因此，在大数据时代，常采用构建在分布式系统上的诸如 Hive 这样的软件作为大数据的数据仓库。

任务 7.1　安装与配置 Hive

🔍【任务描述】

在本任务中，我们将认识什么是 Hive，并在虚拟机上安装与配置 Hive。

⚙️【知识链接】

7.1.1　Hive 概述

Hive 概述

Hive 是建立在 Hadoop 上的数据仓库基础构架。它提供了一系列工具，可以用来进行数据抽取、转换、装载（Extract Transformation Load，ETL），这是一种可以查询和分析存储在 Hadoop 中的大规模数据的机制。Hive 定义了简单的类 SQL，称为 HQL（Hive Query Language，Hive 查询语言），它允许熟悉 SQL 的用户查询数据，同时允许熟悉 MapReduce 的开发者开发自定义的 Mapper 和 Reducer 来处理内建的 Mapper 和 Reducer 无法完成的复杂分析工作。因此，Hive 十分适合数据仓库的统计分析。

1. Hive 的优点

（1）Hive 操作接口采用类 SQL 语法，提供快速开发的能力（简单、容易上手）。

（2）Hive 的执行延迟比较高，因此 Hive 常用于数据分析、对实时性要求不高的场合。

（3）Hive 优势在于处理大数据。

（4）Hive 支持用户自定义函数，用户可以根据自己的需求来实现自己的函数。

2. Hive 的不足

（1）Hive 的 HQL 表达能力有限，不仅迭代式算法无法表达，而且不擅长数据挖掘方面的应用。

（2）Hive 的效率比较低。尽管 Hive 能自动生成 MapReduce 作业，但通常情况下不够智能化，而且 Hive 调优比较困难，粒度较粗。

7.1.2 Hive 和数据库比较

由于 Hive 采用了类 SQL 的 HQL，因此很容易将 Hive 理解为数据库。本任务将从多个方面来阐述 Hive 和数据库的差异。

1. 查询语言

由于 SQL 被广泛地应用在数据仓库中。因此，专门针对 Hive 的特性设计了类 SQL 的 HQL。熟悉 SQL 开发的开发者可以很方便地使用 Hive 进行开发。

2. 数据存储位置

Hive 是建立在 Hadoop 之上的，所有 Hive 的数据都是存储在 HDFS 中的。而数据库则可以将数据保存在块设备或者本地文件系统中。

3. 数据更新

由于 Hive 是针对数据仓库应用设计的，而数据仓库的内容是读多写少的。因此，Hive 中不建议对数据进行改写，所有的数据都是在加载的时候确定好的。而数据库中的数据是需要经常进行修改的，因此可以使用 insert into ... values 添加数据，使用 update ... set 修改数据。

4. 索引

Hive 在加载数据的过程中不会对数据进行任何处理，甚至不会对数据进行扫描，因此也没有对数据中的某些 key 建立索引。Hive 要访问数据中满足条件的特定值时，需要"暴力"扫描整个数据，因此访问延迟较高。由于 MapReduce 的引入，Hive 可以并行访问数据，因此即使没有索引，对于大数据量的访问，Hive 仍然可以体现出优势。数据库中，通常会针对一个或者几个列建立索引，因此对于少量的特定条件的数据的访问，数据库可以有很高的效率、较低的延迟。由于数据的访问延迟较高，决定了 Hive 不适合在线数据查询。

5. 执行

Hive 中大多数查询的执行是通过 Hadoop 提供的 MapReduce 来实现的。而数据库通常有自己的执行引擎。

6. 执行延迟

Hive 在查询数据的时候，由于没有索引，需要扫描整个表，因此延迟较高。另外一个导致 Hive 执行延迟高的因素是 MapReduce 框架。由于 MapReduce 本身具有较高的延迟，因此在利用 MapReduce 执行 Hive 查询时，也会有较高的延迟。而数据库的执行延迟较低。当然，这个低是有条件的，即数据规模较小，当数据规模大到超过数据库的处理能力的时候，Hive 的并行计算显然能体现出优势。

7. 可扩展性

由于 Hive 是建立在 Hadoop 之上的，因此 Hive 的可扩展性和 Hadoop 的可扩展性是一致的（世界上最大的 Hadoop 集群在 Yahoo!，2009 年的规模为 4000 个节点左右）。而数据库由于 ACID 语义的严格限制，扩展行非常有限。目前，先进的并行数据库 Oracle 在理论上的扩展能力也只有 100 个节点左右。

其中，ACID 是指数据库管理系统在写入或更新资料的过程中，为保证事务（transaction）是正确可靠的，所必须具备的 4 个特性：原子性（atomicity，或称不可分割性）、一致性（consistency）、隔离性（isolation，又称独立性）、持久性（durability）。

8. 数据规模

由于 Hive 建立在集群上并可以利用 MapReduce 进行并行计算，因此其可以支持很大规模的数据；而数据库可以支持的数据规模较小。

可见，数据库可以用在在线应用中，但是 Hive 是为数据仓库而设计的，清楚这一点，有助于从应用角度理解 Hive 的特性。

7.1.3　Hive 架构原理

1. Hive 架构及运行机制

Hive 架构如图 7-1 所示。

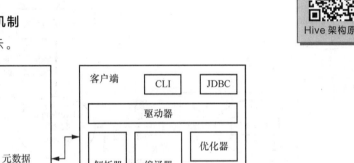

图 7-1　Hive 架构

（1）用户接口。Hive 提供了多个用户接口，包括：CLI（Hive Shell）、JDBC（Java Database Connectivity，Java 数据库连接）等。

（2）元数据（Metastore）。元数据包括：表名、表所属的数据库（默认是 default）、表的拥有者、列/分区字段、表类型（是不是外部表）、表的数据所在目录。元数据默认存储在自带的 derby 数据库中，推荐使用 MySQL 存储元数据。

（3）Hadoop 使用 HDFS 进行存储，使用 MapReduce 进行计算。

（4）驱动器（Driver）。

• 解析器（SQL Parser）：用第三方工具库将 SQL 字符串转换成抽象语法树（Abstract Syntax Tree，AST），对 AST 进行语法分析，比如表是否存在、字段是否存在、SQL 语义是否有误。

- 编译器（Physical Plan）：将 AST 编译并生成逻辑执行计划。
- 优化器（Query Optimizer）：对逻辑执行计划进行优化。
- 执行器（Execution）：把逻辑执行计划转换成可以运行的物理计划。对 Hive 来说，就是 MapReduce/Spark。

Hive 通过给用户提供的一系列交互接口，接收到用户的指令（SQL），使用自己的 Driver，结合元数据，将这些指令翻译成 MapReduce，并提交到 Hadoop 中执行，最后将执行返回的结果输出到用户交互接口，如图 7-2 所示。

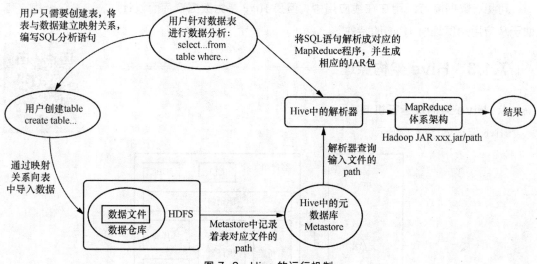

图 7-2　Hive 的运行机制

2. HQL 转换为 MapReduce 程序流程

作为 Hadoop 的数据仓库组件，Hive 将处理的数据存储在 HDFS 上，并通过 MapReduce 实现数据分析。其本质上是将 HQL 语句转化为 MapReduce 程序。HQL 转换为 MapReduce 程序流程如图 7-3 所示。

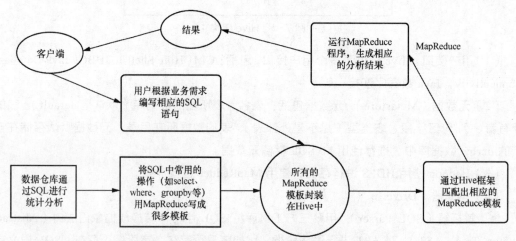

图 7-3　HQL 转换为 MapReduce 程序流程

🔍【任务实施】

（1）将 Hive 安装包 apache-hive-1.2.1-bin.tar.gz 上传到 hadoop01 节点上的/software 目录下。

（2）将 Hive 安装包解压到/servers 目录下，并将其重命名为 hive。

```
tar -zxvf apache-hive-1.2.1-bin.tar.gz -C /servers/
mv apache-hive-1.2.1-bin/ hive
```

（3）修改/servers/hive/conf 目录下的 hive-env.sh.template 名称为 hive-env.sh。

```
mv hive-env.sh.template hive-env.sh
```

（4）配置 hive-env.sh 文件。

```
export HADOOP_HOME=/servers/hadoop
export HIVE_CONF_DIR=/servers/hive/conf
```

（5）执行以下命令启动 Hive，结果如图 7-4 所示。

```
/servers/hive/bin
./hive
```

```
[root@hadoop01 bin]# ./hive

Logging initialized using configuration in jar:file:/servers/hive/lib/hive-common-1.2.1.jar!/hive-log4j.properties
hive> []
```

图 7-4　启动 Hive

（6）执行以下命令退出 Hive。

```
quit;
```

任务 7.2　将元数据迁移到 MySQL

⚙️【任务描述】

安装与配置 MySQL，并将元数据从 Hive 迁移到 MySQL。

当我们在多个客户端启动 Hive 时，会产生 java.sql.SQLException 异常，具体异常信息如下：

```
    Exception in thread "main" java.lang.RuntimeException:java.lang.
RuntimeException:
    Unable to instantiate
    org.apache.hadoop.hive.ql.metadata.SessionHiveMetaStoreClient
    at
org.apache.hadoop.hive.ql.session.SessionState.start(SessionState.java:522)
    at org.apache.hadoop.hive.cli.CliDriver.run(CliDriver.java:677)
    at org.apache.hadoop.hive.cli.CliDriver.main(CliDriver.java:621)
    at sun.reflect.NativeMethodAccessorImpl.invoke0(NativeMethod)
    at
sun.reflect.NativeMethodAccessorImpl.invoke(NativeMethodAccessorImpl.java:57)
    at
sun.reflect.DelegatingMethodAccessorImpl.invoke(DelegatingMethodAccessorImpl.java:43)
```

```
    at java.lang.reflect.Method.invoke(Method.java:606)
    at org.apache.hadoop.util.RunJar.run(RunJar.java:221)
    at org.apache.hadoop.util.RunJar.main(RunJar.java:136)
 Caused by: java.lang.RuntimeException: Unable to instantiate
 org.apache.hadoop.hive.ql.metadata.SessionHiveMetaStoreClient
    at
org.apache.hadoop.hive.metastore.MetaStoreUtils.newInstance(MetaStoreUtils.jav
a:1523)
    at
org.apache.hadoop.hive.metastore.RetryingMetaStoreClient.<init>(RetryingMetaSt
oreClient.java:86)
    at
org.apache.hadoop.hive.metastore.RetryingMetaStoreClient.getProxy(RetryingMeta
StoreClient.java:132)
    at
 org.apache.hadoop.hive.metastore.RetryingMetaStoreClient.getProxy(Retrying
MetaStoreClient.java:104)
    at
 org.apache.hadoop.hive.ql.metadata.Hive.createMetaStoreClient(Hive.java:3005)
    at org.apache.hadoop.hive.ql.metadata.Hive.getMSC(Hive.java:3024)
    at
org.apache.hadoop.hive.ql.session.SessionState.start(SessionState.java:503)
    ... 8 more
```

这是因为元数据默认存储在自带的 derby 数据库中，推荐使用 MySQL 存储元数据。所以本任务是安装与配置 MySQL，并将元数据从 Hive 迁移到 MySQL。

【任务实施】

（1）安装 wget。
```
yum -y install wget
```
（2）安装 MySQL 官方的 Yum Repository。
```
wget -i -c http://dev.MySQL.com/get/MySQL57-community-release-el7-10.noarch.rpm
```
（3）开始安装 MySQL。
```
yum -y install MySQL57-community-release-el7-10.noarch.rpm
yum -y install MySQL-community-server
```
（4）启动 MySQL，然后查看 MySQL 运行状态，结果如图 7-5 所示。
```
systemctl start  MySQLd.service
systemctl status MySQLd.service
```

图 7-5　启动 MySQL

（5）查找 root 密码，结果如图 7-6 所示。
```
grep "password" /var/log/MySQLd.log
```

```
[root@hadoop01 ~]# grep "password" /var/log/mysqld.log
2021-04-04T11:46:12.628647Z 1 [Note] A temporary password is generated for root@localhost: HrgfGg93S_Pj
[root@hadoop01 ~]#
```

图 7-6　查找 root 密码

（6）登录 MySQL。

```
MySQL -uroot -p
```

（7）修改 root 密码。

```
set global validate_password_policy=LOW;
set global validate_password_length=6;
ALTER USER 'root'@'localhost'IDENTIFIED BY '123456';
exit;
```

（8）修改 user 表中主机配置。

```
MySQL -uroot -p123456
use MySQL;
update user set host='%' where host='localhost';
flush privileges;
exit;
```

（9）上传 MySQL-connector-java-5.1.27.tar 压缩包至/software 目录并解压。

（10）复制 MySQL-connector-java-5.1.27-bin.jar 到/servers/hive/lib/目录。

```
cp MySQL-connector-java-5.1.27-bin.jar /servers/hive/lib/
```

（11）在/servers/hive/conf 目录下创建一个 hive-site.xml 文件。

```
touch hive-site.xml
vi hive-site.xml
```

（12）在 hive-site.xml 文件中输入以下内容。

```
<?xml version="1.0"?>
<?xml-stylesheet type="text/xsl" href="configuration.xsl"?>
<configuration>
    <property>
            <name>javax.jdo.option.ConnectionURL</name>
            <value>jdbc:MySQL://hadoop01:3306/metastore?createDatabaseIfNotExist
=true</value>
            <description>JDBC connect string for a JDBCmetastore</description>
    </property>
    <property>
            <name>javax.jdo.option.ConnectionDriverName</name>
            <value>com.MySQL.jdbc.Driver</value>
            <description>Driver class name for a JDBCmetastore</description>
    </property>
    <property>
            <name>javax.jdo.option.ConnectionUserName</name>
            <value>root</value>
            <description>username to use against metastoredatabase</description>
    </property>
    <property>
            <name>javax.jdo.option.ConnectionPassword</name>
            <value>123456</value>
            <description>password to use against metastoredatabase</description>
    </property>
```

103

```
</configuration>
```

（13）在 MySQL 数据库中，创建数据库"metastore"，并重新启动 Hive，如果能正常启动则配置完成，如果出现异常则重新启动虚拟机和 Hadoop 集群。

（14）在 hive-site.xml 文件中添加如下配置信息，就可以显示当前数据库以及表头信息，然后重启 Hive，结果如图 7-7 所示。

```
<property>
        <name>hive.cli.print.header</name>
        <value>true</value>
</property>
<property>
        <name>hive.cli.print.current.db</name>
        <value>true</value>
</property>
```

```
[root@hadoop01 bin]# ./hive

Logging initialized using configuration in jar:file:/servers/hive/lib/hive-common-1.2.1.jar!/hive-log4j.properties
hive (default)>
```

图 7-7　显示数据库名

任务 7.3　使用 Hive 进行数据建仓

【任务描述】

到目前为止，Hive 已经安装并配置完成，接下来将我们之前清洗过的电影数据上传到 Hive 中。

【知识链接】

7.3.1　HQL 的数据类型

HQL 的数据类型

1. 数据类型

HQL 的基本数据类型和集合数据类型分别如表 7-1 和表 7-2 所示。

表 7-1　基本数据类型

HQL 数据类型	描述	示例
TINYINT	1B 有符号整数	20
SMALLINT	2B 有符号整数	20
INT	4B 有符号整数	20
BIGINT	8B 有符号整数	20

续表

HQL 数据类型	描述	示例
BOOLEAN	布尔类型，true 或者 false	true 或 false
FLOAT	单精度浮点数	3.14159
DOUBLE	双精度浮点数	3.14159
STRING	字符系列，可以指定字符集，可以使用单引号或者双引号	'now is the time' "good men"
TIMESTAMP	时间类型	1970-01-01 00：00：01
BINARY	字节数组	0Xabc

表 7-2　集合数据类型

数据类型	描述	语法示例
STRUCT	和 C 语言中的 Struct 类似，都可以通过 "." 符号访问元素内容。例如，如果某个列的数据类型是 STRUCT{first STRING,last STRING}，那么第 1 个元素可以通过字段.first 来引用	struct()
MAP	MAP 是一组键值对元组集合，使用数组表示法可以访问数据。例如，如果某个列的数据类型是 MAP，其中键值对是'first'->'John' 和'last'->'Doe'，那么可以通过字段名['last']获取最后一个元素	map()
ARRAY	数组是一组具有相同类型和名称的变量的集合。这些变量称为数组的元素，每个数组元素都有一个编号，编号从 0 开始。例如，数组值为['John', 'Doe']，那么第 2 个元素可以通过数组名[1]进行引用	Array()

注意：

● Hive 的 STRING 类型相当于数据库的 varchar 类型，该类型是一个可变的字符串，不过它不能声明其中最多能存储多少个字符，理论上它可以存储 2GB 的字符数；

● ARRAY 和 MAP 与 Java 中的 Array 和 Map 类似，而 STRUCT 与 C 语言中的 Struct 类似，它封装了一个命名字段集合，复杂数据类型允许任意层次的嵌套。

2. 实操案例

（1）假设有一组结构化数据，我们用一种轻量级的、具有简洁和清晰层次结构的 JSON 格式（JavaScript Object Notation, JS 对象标识）来表示其数据结构。

```
{
"name": "songsong",
"friends": ["bingbing" , "lili"] , //列表
"children": { //键值
"xiao song": 18 ,
"xiaoxiao song": 19
}
"address": { //结构
"street": "hui long guan" ,
"city": "beijing"
}
}
```

105

（2）创建本地测试文件 test.txt，内容如下。

```
songsong,bingbing_lili,xiao song:18_xiaoxiao song:19,hui long guan_beijing
yangyang,caicai_susu,xiao yang:18_xiaoxiao yang:19,chao yang_beijing
```

（3）在 Hive 中创建测试表 test。

```
create table test(
name string,
friends array<string>,
children map<string, int>,
address struct<street:string, city:string>
)
row format delimited
fields terminated by ','
collection items terminated by '_'
map keys terminated by ':'
lines terminated by '\n';
```

（4）导入文本数据到测试表。

```
load data local inpath "/data/test.txt" into table test;
```

（5）访问 3 种集合列里的数据。

```
select friends[1],children['xiao song'],address.city from test where
name="songsong";
```

3. 类型转换

Hive 的原子数据类型是可以进行隐式转换的，类似于 Java 的类型转换，例如某表达式使用 INT 类型，TINYINT 会自动转换为 INT 类型，但是 Hive 不会进行反向转换，例如某表达式使用 TINYINT 类型，INT 不会自动转换为 TINYINT 类型，它会返回错误，除非使用可以将某种数据类型的表达式显式转换为另一种数据类型的 CAST 函数。

隐式类型转换规则如下。

① 任何整数类型都可以隐式地转换为一个范围更广的类型，如 TINYINT 可以转换成 INT，INT 可以转换成 BIGINT。

② 所有 INT、FLOAT 和 STRING 类型都可以隐式地转换成 DOUBLE 类型。

③ TINYINT、SMALLINT、INT 类型都可以转换为 FLOAT 类型。

④ BOOLEAN 类型不可以转换为任何其他的类型。

可以使用 CAST 操作显示进行数据类型转换。例如，CAST('1' AS INT)将把字符串'1'转换成整数 1;如果强制类型转换失败，如执行 CAST('X' AS INT)，表达式将返回空值 null。

7.3.2 HQL 的数据定义语言

创建数据库

1. 创建数据库

（1）创建一个数据库，数据库在 HDFS 上的默认存储路径是/user/hive/warehouse/*.db。

```
create database db_hive;
```

（2）为了避免要创建的数据库已经存在错误，增加 if not exists 判断。

```
create database if not exists db_hive;
```

（3）创建一个数据库，指定数据库在 HDFS 上存放的位置，如图 7-8 所示。

```
create database db_hive2 location '/db_hive2.db';
```

图 7-8　数据库存放位置

2. 查看数据库

（1）显示数据库。

```
show databases;
```

（2）查看数据库详情。

```
desc database db_hive;
```

（3）切换当前数据库。

```
use db_hive;
```

3. 删除数据库

（1）删除空数据库。

```
drop database db_hive2;
```

（2）如果删除的数据库不存在，最好采用 if exists 判断数据库是否存在。

```
drop database if exists db_hive2;
```

（3）如果数据库不为空，可以采用 cascade 命令，强制删除。

```
drop database db_hive cascade;
```

4. 创建表

创建表的语法如下：

创建表

```
create [external] table [if not exists] table_name
[(col_name data_type [comment col_comment], ...)]
[comment table_comment]
[partitioned by (col_name data_type [comment col_comment], ...)]
[clustered by (col_name, col_name, ...)
[sorted by (col_name [asc|desc], ...)] into num_buckets buckets]
[row format row_format]
[stored as file_format]
[location HDFS_path]
[like]
```

上述语法中，常用字段说明如下。

● create table：创建一个指定名字的表。如果相同名字的表已经存在，则抛出异常；用户可以用 if not exists 选项来忽略这个异常。

● external：让用户创建一个外部表，在建表的同时指定一个指向实际数据的路径（location），Hive 创建内部表时，会将数据移动到数据仓库指向的路径；若创建外部表，仅记录数据所在的路径，不对数据的位置做任何改变。在删除表的时候，内部表的元数据和数据会被一起删除；而外部表只删除元数据，不删除数据。

- comment：为表和列添加注释。
- partitioned by：创建分区表。
- clustered by：创建分桶表。
- row format：用户在建表的时候可以自定义 SerDe（Serialize/Deserialize 的缩写，主要用于序列化和反序列化）或者使用自带的 SerDe。如果没有指定 row format 或者 row format delimited，将会使用自带的 SerDe。在建表时，用户还需要为表指定列，用户在指定表的列的同时也会指定自定义的 SerDe，Hive 通过 SerDe 确定表的具体列的数据。
- stored as：指定存储文件类型。常用的存储文件类型：sequencefile（二进制序列文件）、textfile（文本文件）、rcfile（列式存储格式文件）。如果文件数据是纯文本，可以使用 stored as textfile。如果数据需要压缩，可以使用 stored as sequencefile。
- location：指定表在 HDFS 上的存储位置。
- like：允许用户复制现有的表结构，但是不复制数据。

（1）创建管理表（内部表）

默认创建的表都是管理表，有时也被称为内部表。因为这种表，Hive 会（或多或少地）控制着数据的生命周期。Hive 默认情况下会将这些表的数据存储在由配置项 hive.metastore.warehouse.dir 所定义的目录的子目录（例如/user/hive/warehouse）下。当我们删除一个管理表时，Hive 也会删除这个表中的数据。管理表不适合和其他工具共享数据。

【示例】

① 创建普通表：

```
create table if not exists student(
id int,
name string
)
row format delimited fields terminated by '\t'
stored as textfile
location '/user/hive/warehouse/student';
```

② 根据查询结果创建表：

```
create table if not exists student2 as select id, name from student;
```

③ 根据已经存在的表结构创建表：

```
create table if not exists student3 like student;
```

④ 查询表的类型：

```
desc formatted student;
```

（2）创建外部表

因为该表是外部表，所以 Hive 并非认为其完全拥有所创建表中的数据。删除该表并不会删除这份数据，不过描述表的元数据信息会被删除。

【示例】创建一个名为 emp_external 的外部表。

```
create external table emp_external(
empno int,
ename string,
job string,
```

```
mgr int,
hiredate string,
sal double,
comm double,
deptno int
)
row format delimited fields terminated by '\t'
location '/hive_external/emp/';
```

可见，与创建内部表相比，Hive 主要是通过 external 关键字完成外部表的创建。

（3）修改表（重命名）

```
alter table table_name rename to new_table_name
```

（4）删除表

```
drop table student;
```

7.3.3　HQL 的数据操作语言

在/data 目录下创建 student.txt 文件，并输入以下内容。

```
1       张三
2       李四
3       王五
4       赵六
```

1. 向表中加载数据

语法如下：

```
load data [local] inpath '/data/student.txt' [overwrite] | into table student
[partition (partcol1=val1,...)];
```

说明如下。

- load data：表示加载数据。
- local：表示从本地加载数据到 Hive 表；否则从 HDFS 加载数据到 Hive 表。
- inpath：表示加载数据的路径。
- overwrite：表示覆盖表中已有数据，否则表示追加。
- into table：表示加载到哪张表。
- student：表示具体的表。
- partition：表示上传到指定分区。

2. 数据插入

执行以下指令将 student.txt 文件的数据插入 student 表中。

```
load data local inpath '/data/student.txt' into table student;
```

3. 数据查看

查看 student 表中数据，结果如图 7-9 所示。

4. 数据上传

将 student.txt 文件上传到 HDFS 上。

```
hadoop fs -put student.txt /
```

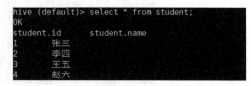

图 7-9　查看 student 表中数据

5. 数据加载

加载 HDFS 文件到 Hive 表中。

```
load data inpath '/student.txt' into table student;
```

【任务实施】

（1）创建数据库 db_film。

```
create database db_film;
use db_film;
```

（2）新建外部表 film，并与 HDFS 上清洗的电影数据进行关联。

```
create external  table film(
name string,
syrq string,
xyrq string,
pf float,
city string)
row format delimited fields terminated by ','
location '/film/outputs/cleandata';
```

（3）查询 film 表，如果能够查询出数据，则 film 的数据仓库创建成功，如图 7-10 所示。

```
hive (db_film)> select * from film;
OK
film.name       film.syrq        film.xyrq          film.pf film.ci
《闯入者》       2015-04-30       2015-05-24         103.6   长沙
《闯入者》       2015-04-30       2015-05-24         103.6   福州
《闯入者》       2015-04-30       2015-05-24         103.6   沈阳
《闯入者》       2015-04-30       2015-05-24         103.6   武汉
《闯入者》       2015-04-30       2015-05-24         103.6   成都
《闯入者》       2015-04-30       2015-05-24         103.6   广州
《闯入者》       2015-04-30       2015-05-24         103.6   天津
《紫霞》         2015-12-11       2015-12-27         4.1     长沙
《紫霞》         2015-12-11       2015-12-27         4.1     济南
《紫霞》         2015-12-11       2015-12-27         4.1     沈阳
《紫霞》         2015-12-11       2015-12-27         4.1     成都
《紫霞》         2015-12-11       2015-12-27         4.1     天津
《紫霞》         2015-12-11       2015-12-27         4.1     北京
《简单爱》       2015-07-03       2015-07-19         232.7   长沙
《简单爱》       2015-07-03       2015-07-19         232.7   沈阳
《简单爱》       2015-07-03       2015-07-19         232.7   武汉
《简单爱》       2015-07-03       2015-07-19         232.7   成都
《简单爱》       2015-07-03       2015-07-19         232.7   广州
《破风》         2015-08-07       2015-09-13         1429.1  福州
《破风》         2015-08-07       2015-09-13         1429.1  济南
《破风》         2015-08-07       2015-09-13         1429.1  沈阳
《破风》         2015-08-07       2015-09-13         1429.1  武汉
《破风》         2015-08-07       2015-09-13         1429.1  成都
《破风》         2015-08-07       2015-09-13         1429.1  北京
《破风》         2015-08-07       2015-09-13         1429.1  上海
《爱之初体验》   2015-08-07       2015-08-23         31.7    长沙
《爱之初体验》   2015-08-07       2015-08-23         31.7    广州
《爱之初体验》   2015-08-07       2015-08-23         31.7    天津
《爱之初体验》   2015-08-07       2015-08-23         31.7    北京
《爱之初体验》   2015-08-07       2015-08-23         31.7    上海
《浪漫天降》     2015-10-23       2015-11-08         75.2    长沙
《浪漫天降》     2015-10-23       2015-11-08         75.2    福州
《浪漫天降》     2015-10-23       2015-11-08         75.2    武汉
```

图 7-10　film 表数据

任务小结

本工作任务讲解了 Hive 的相关知识。首先介绍了数据库和数据仓库的概念，对比了 Hive 作为数据仓库与传统数据库的不同，其次在 Hadoop 平台安装并配置了 Hive。最后，为了提升 Hive 的适用性，安装了 MySQL，并通过对电影数据的建仓让读者了解基本的 Hive 数据库操作。

课后习题

一、填空题

1. Hive 默认元数据存储在_____数据库中。

2. Hive 创建外部表的关键字是_____。

二、判断题

1. 在创建外部表的同时要加载数据文件，数据文件会移动到数据仓库指定的目录下。

2. Hive 是一款独立的数据仓库工具，因此在启动前无须启动任何服务。

三、选择题

Hive 是建立在（　　　）之上的一个数据仓库。

　　A．HDFS　　　　　　　　　　　B．MapReduce

　　C．Hadoop　　　　　　　　　　D．HBase

四、简答题

1. 简述 Hive 的特点。

2. 简述 Hive 中内部表与外部表的区别。

相关阅读——数据库泄露

当前，数据安全已经上升到了国家战略层面，健全国家的安全体系，强化网络、数据等安全保障体系建设成为新时代的新要求。

大数据时代的数据量与日俱增，"数据入库"成为数据处理的重要环节之一。但 2020 年 3 月 19 日，有用户发现某平台 5.38 亿条用户信息在暗网出售，其中，1.72 亿条有用的账号基本信息以高价出售。涉及的账号基本信息包括用户 ID、账号的关注数、性别、地理位置等。

针对此次泄露事件，平台方很快做出了回应，承认了平台用户信息数据泄露一事属实，已及时强化安全策略，并表示这起数据泄露事件中不涉及身份证号码、密码，对平台服务没有影响。

数据库信息要符合法制、伦理、道德观要求。

工作任务8

数据分析

任务概述

通过对已有数据进行如总和、平均值等统计值分析，并将统计值与各相关业务结合进行解读，才能实现数据的价值、发挥数据的作用。MapReduce 可以实现数据的统计分析，但编写 MapReduce 程序过程烦琐，并且要想实现复杂的分析需要编写多个 MapReduce 程序，所以我们需要一种相对容易实现的技术来代替或者简化 MapReduce 程序的编写。在数据仓库创建好的基础上，本工作任务将分别使用 Hive 和 MapReduce 展示如何对电影数据进行详细的统计分析。

学习目标

1. 知识目标

掌握常用的 Hive 查询统计语句。

2. 技能目标

掌握使用 HQL 语句进行统计分析的方法。

3. 素养目标

培养诚信意识。

预备知识——数据分析概述

作为数学与计算机科学结合的产物，数据分析是指采用合适的统计方法对采集到的大量数据进行汇总、分析，从看起来没有规律的数据中找到隐藏的信息，探索事物内部或对象之间的因果关系、内部联系和业务规律，以帮助人们进行判断、决策，从而使存储的数据资产发挥最大的作用。例如，在设计任何一项新产品之初，相关人员都会对诸如市场需求情况、竞争对手情况以及技术储备情况等进行大量的调查，并通过对调查数据的分析，为是否进行设计以及如何进行设计提供有力的决策支持。可以说，数据分析从古至今在各行各业都发挥着重要的作用。

从数学的角度看，数据分析的结果一般都是得到某一个或几个既定指标的统计值，如总和、平均值等，这些统计值也都需与各相关业务结合进行解读，才能实现数据的价值与发挥数据的作用。

任务 8.1　查询某年全年电影数据

【任务描述】

在本任务中，我们将从数据仓库中查询出某年全年的电影数据，并将其导出到 HDFS 上。

【知识链接】

8.1.1　Hive 数据导出

Hive 数据导出

1. insert 导出

（1）将查询的结果导出到本地。
```
insert overwrite local directory '/data/student' select * from student;
```
（2）将查询的结果格式化导出到本地。
```
insert overwrite local directory
'/data/student1'
 row format delimited fields terminated by '\t'
select * from student;
```
（3）将查询的结果导出到 HDFS 上。
```
insert overwrite directory
'/data/student2'
 row format delimited fields terminated by '\t'
 select * from student;
```
2. 使用 export 导出到 HDFS 上
```
export table student to '/data/student3';
```

8.1.2　Hive 查询

查询的基础语法为：
```
select [all | distinct] select_expr, select_expr, ...
from table_reference
[where where_condition]
[group by col_list]
[order by col_list]
[cluster by col_list
| [distribute by col_list] [sort by col_list]
]
[limit number]
```

为了测试后续语句，我们在 default 数据库中创建部门表和员工表，并随机插入一些数据。

```
//部门表
create  table if not exists default.dept(
deptno int,
dname string,
loc int
)
row format delimited fields terminated by '\t';

//员工表
create table if not exists emp(
empno int,
ename string,
job string,
mgr int,
hiredate string,
sal double,
comm double,
deptno int)
row format delimited fields terminated by '\t';
```

1. 基本查询

（1）全表查询

```
select * from emp;
```

（2）特定列查询

```
select empno, ename from emp;
```

注意：

- HQL 对大小写不敏感；
- HQL 可以写在一行或者多行；
- 关键字不能被缩写也不能分行；
- 各子句一般要分行写；
- 使用缩进提高语句的可读性。

（3）列别名

```
select ename as name, deptno dn from emp;
```

重命名主要是为了方便计算，可以紧跟列名，也可以在列名和别名之间加入关键字 as。

（4）常用运算符

HQL 常用运算符如表 8-1 所示。

表 8-1 HQL 常用运算符

运算符	示例	描述
+	A+B	A 和 B 相加
-	A-B	A 减去 B
*	A*B	A 和 B 相乘
/	A/B	A 除以 B

续表

运算符	示例	描述
%	A%B	A 对 B 取余
&	A&B	A 和 B 按位取与
|	A|B	A 和 B 按位取或
^	A^B	A 和 B 按位取异或
~	~ A	A 按位取反

例如，查询所有员工的工资后加 1 显示：

```
select sal+1 from emp;
```

（5）常用聚合函数

求总行数（count）：

```
select count(*) cnt from emp;
```

求工资的最大值（max）：

```
select max(sal) max_sal from emp;
```

求工资的最小值（min）：

```
select min(sal) min_sal from emp;
```

求工资的总和（sum）：

```
select sum(sal) sum_sal from emp;
```

求工资的平均值（avg）：

```
select avg(sal) avg_sal from emp;
```

（6）limit 子句

典型的查询会返回多行数据。limit 子句用于限制返回的行数。

```
select * from emp limit 5;
```

2. 带 where 语句的条件查询

（1）基本 where 查询

使用紧随 from 的 where 子句，可以将不满足条件的行过滤。

【示例】查询工资大于 1000 的所有员工信息：

```
select * from emp where sal >1000;
```

在 where 语句中，常使用比较运算符（between...and/in/ is null）。表 8-2 描述了谓词运算符，这些运算符同样可以用于 join...on 和 having 语句中。

表 8-2　谓词运算符

运算符	示例	支持的数据类型	描述
=	A=B	基本数据类型	如果 A 等于 B 则返回 true，否则返回 false
<=>	A<=>B	基本数据类型	如果 A 和 B 都为 null，则返回 true，其他的和等号（=）运算符的结果一致，如果任一为 null 则结果为 null
<>、!=	A<>B、A!=B	基本数据类型	A 或者 B 为 null 则返回 null；如果 A 不等于 B，则返回 true，否则返回 false

运算符	示例	支持的数据类型	描述
<	A<B	基本数据类型	A 或者 B 为 null，则返回 null；如果 A 小于 B，则返回 true，否则返回 false
<=	A<=B	基本数据类型	A 或者 B 为 null，则返回 null；如果 A 小于等于 B，则返回 true，否则返回 false
>	A>B	基本数据类型	A 或者 B 为 null，则返回 null；如果 A 大于 B，则返回 true，否则返回 false
>=	A>=B	基本数据类型	A 或者 B 为 null，则返回 null；如果 A 大于等于 B，则返回 true，否则返回 false
[not] between and	A [not] between B and C	基本数据类型	如果 A、B 或者 C 任一为 null，则结果为 null。如果 A 的值大于等于 B 而且小于或等于 C，则结果为 true，否则为 false。如果使用 not 关键字则可达到相反的效果。
is null	A is null	所有数据类型	如果 A 等于 null，则返回 true，否则返回 false
is not null	A is not null	所有数据类型	如果 A 不等于 null，则返回 true，否则返回 false
in()	IN(数值 1，数值 2)	所有数据类型	使用 IN 运算显示列表中的值
[not] like	A [not] like B	STRING 类型	B 是一个 HQL 下的简单正则表达式，也叫通配符模式，如果 A 与其匹配，则返回 true，否则返回 false。B 的表达式说明如下："x%" 表示 A 必须以字母"x"开头，"%x"表示 A 必须以字母"x"结尾，而"%x%"表示 A 包含有字母"x"，可以位于开头、结尾或者字符串中间。如果使用 not 关键字则可达到相反的效果。
rlike，regexp	A rlike B，A regexp B	STRING 类型	B 是基于 Java 的正则表达式，如果 A 与其匹配，则返回 true；否则返回 false。匹配使用的是 JDK 中的正则表达式接口实现的，因为正则表达式也依据其中的规则。例如，正则表达式必须和整个字符串 A 相匹配，而不是只需与单个字符串匹配。

【示例】

查询工资等于 5000 的所有员工信息：

```
select * from emp where sal =5000;
```

查询工资为 500 到 1000 的员工信息：

```
select * from emp where sal between 500 and 1000;
```

查询 comm 为空的所有员工信息：

```
select * from emp where comm is null;
```

查询工资为 1500 或 5000 的员工信息：

```
select * from emp where sal in (1500, 5000);
```

（2）带 like 和 rlike 的 where 查询

在 where 中使用 like 运算选择类似的值，当选择条件可以包含字符或数字时，则由"%"代表 0 个或多个字符，由"_"代表一个字符。

rlike 子句是 Hive 中 like 功能的一个扩展,其可以通过 Java 的正则表达式来指定匹配条件。

【示例】

查询以 2 开头的工资的员工信息:

```
select * from emp where sal like '2%';
```

查询第二个数值为 2 的工资的员工信息:

```
select * from emp where sal like '_2%';
```

查询工资中含有 2 的员工信息:

```
select * from emp where sal rlike '[2]';
```

（3）where 中的逻辑运算符

where 中的逻辑运算符如表 8-3 所示。

表 8-3　where 中的逻辑运算符

运算符	含义
and	逻辑并
or	逻辑或
not	逻辑否

【示例】

查询工资大于 1000 且部门是 30 的员工信息:

```
select * from emp where sal>1000 and deptno=30;
```

查询工资大于 1000 或者部门是 30 的员工信息:

```
select * from emp where sal>1000 or deptno=30;
```

查询除 20 部门和 30 部门以外的员工信息:

```
select * from emp where deptno not in(30, 20);
```

3. 分组语句

（1）group by 语句

group by 语句通常会和聚合函数一起使用,按照一个或者多个列队结果进行分组,然后对每个组执行聚合操作。

【示例】

计算每个部门的平均工资:

```
select t.deptno, avg(t.sal) avg_sal from emp t group by t.deptno;
```

计算每个部门中每个岗位的最高工资:

```
select t.deptno, t.job, max(t.sal) max_sal from emp t group by
 t.deptno, t.job;
```

（2）having 语句

尽管 having 也表示条件,但其与 where 还是有一些不同点。比如,where 后面不能使用分组函数,而 having 后面可以使用分组函数,同时 having 只用于 group by 语句。

【示例】

求每个部门的平均工资:

```
select deptno, avg(sal) from emp group by deptno;
```

求每个部门的平均工资大于 2000 的部门：

```
select deptno, avg(sal) avg_sal from emp group by deptno having
 avg_sal > 2000;
```

4. Join 语句

（1）等值 join

Hive 支持通常的 join 语句，但是只支持等值连接，不支持非等值连接。

【示例】根据员工表和部门表中的部门编号相等，查询员工编号、员工名称和部门名称：

```
select e.empno, e.ename, d.deptno, d.dname from emp e join dept d on e.deptno
= d.deptno;
```

（2）表的别名

在 join 操作中，常使用表的别名。使用别名不仅可以简化查询，而且表别名前缀可以提高执行效率。

【示例】

合并员工表和部门表：

```
select e.empno, e.ename, d.deptno from emp e join dept d on e.deptno
 = d.deptno;
```

内连接，只有进行连接的两个表中都存在与连接条件相匹配的数据才会被保留下来：

```
select e.empno, e.ename, d.deptno from emp e join dept d on e.deptno
 = d.deptno;
```

左外连接，join 运算符左边表中符合 where 子句的所有记录将会被返回：

```
select e.empno, e.ename, d.deptno from emp e left join dept d on e.deptno =
d.deptno;
```

右外连接，join 运算符右边表中符合 where 子句的所有记录将会被返回：

```
select e.empno, e.ename, d.deptno from emp e right join dept d on e.deptno =
d.deptno;
```

满外连接，将会返回所有表中符合 where 子句的所有记录。如果任一表的指定字段没有符合条件的值，就使用 null 替代：

```
select e.empno, e.ename, d.deptno from emp e full join dept d on e.deptno
 = d.deptno;
```

5. 排序

（1）全局排序

当在 select 语句的结尾使用 order by 子句排序时，使用 asc 表示升序（默认），使用 desc 表示降序。

【示例】

查询员工信息按工资升序排列：

```
select * from emp order by sal;
```

查询员工信息按工资降序排列：

```
select * from emp order by sal desc;
```

（2）按照别名排序

【示例】按照员工工资的 2 倍排序：

```
select ename, sal*2 twosal from emp order by twosal;
```

（3）多个列排序

【示例】按照部门和工资升序排列：

```
select ename, deptno, sal from emp order by deptno, sal ;
```

6. nvl()函数

nvl()函数可以给值为 null 的数据赋值，它的格式是 nvl(value,default_value)。若 value 为 null，则 nvl()函数返回 default_value 的值，否则返回 value 的值，如果两个参数都为 null，则返回 null。

【示例】

如果员工的 comm 为 null，则用−1 代替：

```
select comm,nvl(comm, -1) from emp;
```

如果员工的 comm 为 null，则用领导 ID 代替：

```
select comm, nvl(comm,mgr) from emp;
```

7. case when

case when 的两种语法格式如下：

```
//第一种
case 字段
when 值 1 then 值 1
[when 值 2 then 值 2
...
[else 值]
end

//第二种
case
when 条件表达式 then 值 1
[when 条件表达式 [and or] 条件表达式 then 值 2
...
[else 值]
end
```

下面，我们通过使用表 8-4 的数据对上述查询功能进行实操练习。

表 8-4　案例数据

name	dept_id	sex
悟空	A	男
大海	A	男
宋宋	B	男
凤姐	A	女
婷姐	B	女
婷婷	B	女

（1）创建本地 emp_sex.txt，导入表 8-4 中的数据。

（2）创建 Hive 表并导入数据。

```
create table emp_sex(
name string,
dept_id string,
sex string)
row format delimited fields terminated by "\t";
load data local inpath '/data/emp_sex.txt' into table emp_sex;
```

（3）统计每个部门男、女各多少人。

```
select
  dept_id,
  sum(case sex when '男' then 1 else 0 end) male_count,
  sum(case sex when '女' then 1 else 0 end) female_count
from
  emp_sex
group by
  dept_id;
```

【任务实施】

（1）启动 Hive。

（2）设置当前数据库为 db_film。

```
use db_film;
```

（3）执行以下 HQL 语句，筛选出该年电影数据，结果如图 8-1 所示。

```
select name,syrq,xyrq,pf,city from film where syrq like '2015%';
```

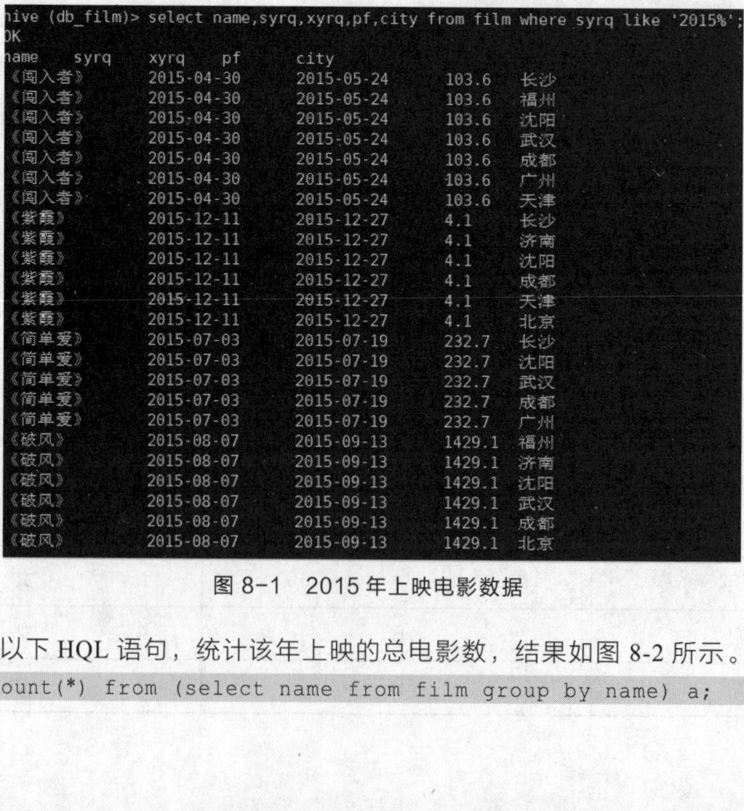

```
hive (db_film)> select name,syrq,xyrq,pf,city from film where syrq like '2015%';
OK
name    syrq    xyrq    pf      city
《闯入者》      2015-04-30      2015-05-24      103.6   长沙
《闯入者》      2015-04-30      2015-05-24      103.6   福州
《闯入者》      2015-04-30      2015-05-24      103.6   沈阳
《闯入者》      2015-04-30      2015-05-24      103.6   武汉
《闯入者》      2015-04-30      2015-05-24      103.6   成都
《闯入者》      2015-04-30      2015-05-24      103.6   广州
《闯入者》      2015-04-30      2015-05-24      103.6   天津
《紫霞》        2015-12-11      2015-12-27      4.1     长沙
《紫霞》        2015-12-11      2015-12-27      4.1     济南
《紫霞》        2015-12-11      2015-12-27      4.1     沈阳
《紫霞》        2015-12-11      2015-12-27      4.1     成都
《紫霞》        2015-12-11      2015-12-27      4.1     天津
《紫霞》        2015-12-11      2015-12-27      4.1     北京
《简单爱》      2015-07-03      2015-07-19      232.7   长沙
《简单爱》      2015-07-03      2015-07-19      232.7   沈阳
《简单爱》      2015-07-03      2015-07-19      232.7   武汉
《简单爱》      2015-07-03      2015-07-19      232.7   成都
《简单爱》      2015-07-03      2015-07-19      232.7   广州
《破风》        2015-08-07      2015-09-13      1429.1  福州
《破风》        2015-08-07      2015-09-13      1429.1  济南
《破风》        2015-08-07      2015-09-13      1429.1  沈阳
《破风》        2015-08-07      2015-09-13      1429.1  武汉
《破风》        2015-08-07      2015-09-13      1429.1  成都
《破风》        2015-08-07      2015-09-13      1429.1  北京
```

图 8-1　2015 年上映电影数据

（4）执行以下 HQL 语句，统计该年上映的总电影数，结果如图 8-2 所示。

```
select count(*) from (select name from film group by name) a;
```

```
Total MapReduce CPU Time Spent: 4 seconds 550 msec
OK
_c0
22
Time taken: 52.703 seconds, Fetched: 1 row(s)
```

图 8-2　2015 年上映的总电影数

任务 8.2　统计周平均票房

【任务描述】

在本任务中，我们将统计每部电影的周平均票房且保留两位小数，并按平均票房进行降序排列。

【知识链接】

在实际生活中，很多数据常使用整数，而非小数。因此，在编程中，变量就有专门的整数类型。取整，是指只留下整数，把小数点去掉。取整有很多种方式，比如向上取整、向下取整、四舍五入等。在实际工作中，可根据项目需求采用不同的取整方式。

1. 向上取整

向上取整，即取比自己大的最小整数。

```
select ceiling(13.15);
```

结果为：14。

2. 向下取整

向下取整，即取比自己小的最大整数。

```
select floor(54.56);
```

结果为：54。

3. 四舍五入

四舍五入，即把小数点后面的数字四舍五入。如被舍去部分的头一位数字小于 5，则舍去；如大于等于 5，则被保留部分的最后一位数字加 1。

四舍五入的函数为 round(a,b)，结果 a 精确到小数点右 b 位，或是左 -b 位。

```
select round(54.367,2);
```

结果为：54.37。

【任务实施】

（1）执行以下 HQL 语句，统计周平均票房，并将统计结果上传至 HDFS。

```
insert overwrite directory
'/film/outputs/result1'
 ROW FORMAT DELIMITED FIELDS TERMINATED BY '\t'
```

121

```
select name,
round(sum(pf)/CEILING((datediff(max(xyrq),min(syrq))+1)/7),2) pjpf
from film
group by name
order by pjpf desc;
```

（2）通过 Web 查看 Hadoop 集群的/film/outputs/result1 目录，如图 8-3 所示。

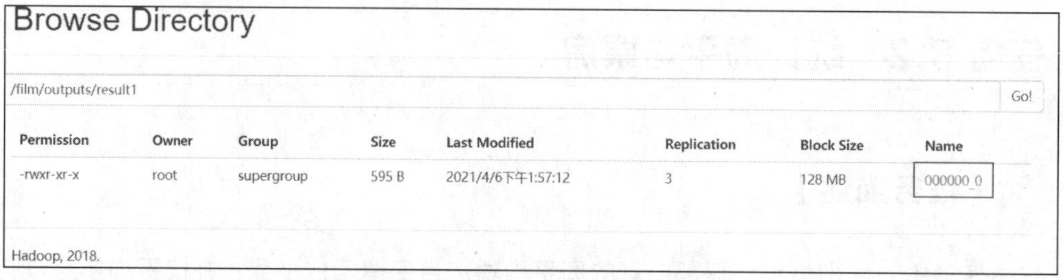

Browse Directory

/film/outputs/result1									Go!

Permission	Owner	Group	Size	Last Modified	Replication	Block Size	Name
-rwxr-xr-x	root	supergroup	595 B	2021/4/6下午1:57:12	3	128 MB	000000_0

Hadoop, 2018.

图 8-3　通过 Web 查看统计结果

（3）单击下载"000000_0"文件，查看统计结果，如图 8-4 所示。

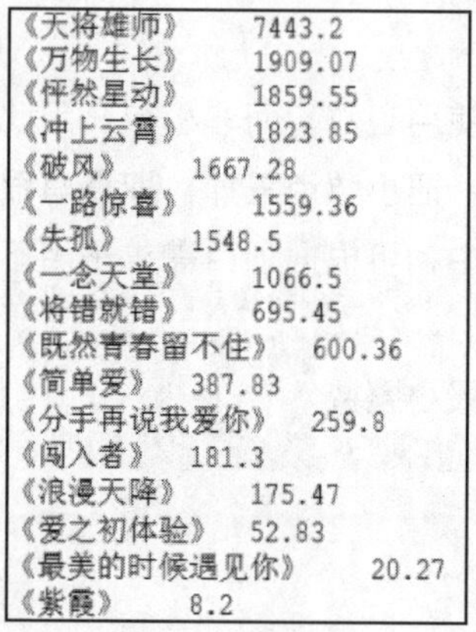

```
《天将雄师》     7443.2
《万物生长》     1909.07
《怦然星动》     1859.55
《冲上云霄》     1823.85
《破风》   1667.28
《一路惊喜》     1559.36
《失孤》   1548.5
《一念天堂》     1066.5
《将错就错》     695.45
《既然青春留不住》     600.36
《简单爱》   387.83
《分手再说我爱你》     259.8
《闯入者》   181.3
《浪漫天降》     175.47
《爱之初体验》     52.83
《最美的时候遇见你》     20.27
《紫霞》     8.2
```

图 8-4　统计结果

任务 8.3　统计北京和上海某年一季度票房收入

统计北京和上海
某年一季度票房
收入

🔍【任务描述】

在本任务中，我们将编写 MapReduce 程序统计北京和上海两个城市某年一季度的票房收入。

👁【任务实施】

（1）参考之前的 MapReduce 程序，创建 Maven 项目，并导入 Hadoop 相关依赖。

（2）编写 FilmBean 类。

```java
import org.apache.hadoop.io.Writable;
import java.io.DataInput;
import java.io.DataOutput;
import java.io.IOException;
import java.util.Date;

public class FilmBean implements Writable {
    //上映日期
    private String releaseDate;
    //下映日期
    private  String downDate;
    //票房
    private  float boxOffice;
    public FilmBean() {
    }
    public FilmBean( String releaseDate, String downDate, float boxOffice) {
        this.releaseDate = releaseDate;
        this.downDate = downDate;
        this.boxOffice = boxOffice;
    }
    public String getReleaseDate() {
        return releaseDate;
    }
    public void setReleaseDate(String releaseDate) {
        this.releaseDate = releaseDate;
    }
    public String getDownDate() {
        return downDate;
    }
    public void setDownDate(String downDate) {
        this.downDate = downDate;
    }
    public float getBoxOffice() {
        return boxOffice;
    }
    public void setBoxOffice(float boxOffice) {
        this.boxOffice = boxOffice;
    }
    //序列化
    @Override
    public void write(DataOutput dataOutput) throws IOException {
        dataOutput.writeUTF(releaseDate);
        dataOutput.writeUTF(downDate);
        dataOutput.writeFloat(boxOffice);
    }
    //反序列化
    @Override
    public void readFields(DataInput dataInput) throws IOException {
        this.releaseDate=dataInput.readUTF();
        this.downDate=dataInput.readUTF();
        this.boxOffice=dataInput.readFloat();
    }
}
```

（3）编写 FilmData 类，用来存放中间数据。

```java
import java.util.Date;

public class FilmData {
    public Date getRq() {
        return rq;
    }
    public void setRq(Date rq) {
        this.rq = rq;
    }
    public float getPf() {
        return pf;
    }
    public void setPf(float pf) {
        this.pf = pf;
    }
    private Date rq;
    private float pf;
    public FilmData(Date rq, float pf) {
        this.rq = rq;
        this.pf = pf;
    }
}
```

（4）编写 Film Mapper 类。

```java
import org.apache.hadoop.io.LongWritable;
import org.apache.hadoop.io.Text;
import org.apache.hadoop.MapReduce.Mapper;

import java.io.IOException;

public class FilmMapper extends Mapper<LongWritable, Text,Text,FilmBean> {
    Text k=new Text();
    FilmBean v=new FilmBean();
    @Override
    protected void map(LongWritable key, Text value, Context context) throws
IOException, InterruptedException {
        String line=value.toString();
        //1.分割
        String[] datas=line.split(",");
        //2.按城市进行过滤
        String city=datas[4];
        if(city.equals("北京") || city.equals("上海")){
            //3.按时间进行过滤
            String releaseDate=datas[1];
            String downDate=datas[2];
            if(releaseDate.compareTo("2015-03-31")<=0                        &&
downDate.compareTo("2015-01-01")>=0){
                //4.输出
                k.set(city);
                v.setReleaseDate(releaseDate);
                v.setDownDate(downDate);
                v.setBoxOffice(Float.parseFloat(datas[3]));
                context.write(k,v);
            }
```

```
            }
        }
    }
```

（5）编写 Film Reducer 类。

```
import org.apache.hadoop.io.Text;
import org.apache.hadoop.MapReduce.Reducer;

import java.io.IOException;
import java.text.ParseException;
import java.text.SimpleDateFormat;
import java.util.*;
public class FilmReducer extends Reducer<Text,FilmBean,Text,Text> {
    Text v=new Text();
    float sum=0;
    @Override
    protected void reduce(Text key, Iterable<FilmBean> values, Context context)
throws IOException, InterruptedException {
        List<FilmData> filmDataLis=new ArrayList<>();
        Calendar cal = Calendar.getInstance();
        for (FilmBean value:values){
            //获取上映和下映日期
            Date releaseDate=null;
            Date downDate=null;
            SimpleDateFormat format=new SimpleDateFormat("yyyy-MM-dd");
            //计算上映天数
            try {
                releaseDate= format.parse(value.getReleaseDate());
                downDate=format.parse(value.getDownDate());
            } catch (ParseException e) {
                e.printStackTrace();
            }
            int days = (int) ((downDate.getTime() - releaseDate.getTime()) /
(1000*3600*24))+1;
            //计算日平均票房
            float averageBoxOffice=value.getBoxOffice()/days;
            //构建上映时间，上线时间为第一天
            filmDataLis.add(new FilmData(releaseDate,averageBoxOffice));
            cal.setTime(releaseDate);
            for (int i=1;i<days;i++){

                cal.add(Calendar.DATE,1);
                filmDataLis.add(new
FilmData(cal.getTime(),averageBoxOffice));
            }
        }
        float january=0;
        float february=0;
        float march=0;
        //计算每月的票房
        for (FilmData data:filmDataLis){
            cal.setTime(data.getRq());
            int month=cal.get(Calendar.MONTH)+1;
            if(month==1){
                january+=data.getPf();
            }
```

```
                if(month==2){
                    february+=data.getPf();
                }
                if(month==3){
                    march+=data.getPf();
                }
            }
            //输出
            v.set(january+"\t"+february+"\t"+march);
            context.write(key,v);
        }
    }
```

（6）编写 Film Driver 类。

```
import org.apache.hadoop.conf.Configuration;
import org.apache.hadoop.fs.Path;
import org.apache.hadoop.io.IntWritable;
import org.apache.hadoop.io.Text;
import org.apache.hadoop.MapReduce.Job;
import org.apache.hadoop.MapReduce.lib.input.FileInputFormat;
import org.apache.hadoop.MapReduce.lib.output.FileOutputFormat;

import java.io.IOException;

public class FilmDriver {
    public static void main(String[] args) throws IOException,
ClassNotFoundException, InterruptedException {
        //1.获取配置信息以及封装任务
        Configuration configuration=new Configuration();
        Job job=Job.getInstance(configuration);
        //2.设置 JAR 加载路径
        job.setJarByClass(FilmDriver.class);
        //3.设置 Map 和 Reduce 类
        job.setMapperClass(FilmMapper.class);
        job.setReducerClass(FilmReducer.class);
        //4.设置 Map 输出
        job.setMapOutputKeyClass(Text.class);
        job.setMapOutputValueClass(FilmBean.class);
        //5.设置最终输出键值对类型
        job.setOutputKeyClass(Text.class);
        job.setOutputValueClass(Text.class);
        //6.设置输入和输出路径
        FileInputFormat.setInputPaths(job,new Path(args[0]));
        FileOutputFormat.setOutputPath(job,new Path(args[1]));
        //7.提交
        boolean result = job.waitForCompletion(true);
        System.exit(result ? 0 : 1);
    }
}
```

（7）将上述程序打包后，上传至 hadoop01 节点。

（8）运行 jar 包。

```
hadoop jar film-city.jar FilmDriver /film/outputs/cleandata /film/outputs/
result2
```

（9）查看执行结果，如图 8-5 所示。

| 上海 | 0.0 | 2707.5962 | 6720.7114 |
| 北京 | 0.0 | 2707.5962 | 6901.421 |

图 8-5　北京、上海 1~3 月票房

任务小结

　　本工作任务主要对电影数据进行统计分析。首先讲解了 Hive 中常用的数据操作语句，并在此基础上实现了利用 Hive 查询全年电影数据的任务；然后统计了上映电影的总数和周平均票房；最后使用 MapReduce 程序对北京和上海两个城市某年一季度的票房进行了统计。通过本工作任务的学习，读者能够使用 Hive 进行一般性的数据分析和使用 MapReduce 程序进行复杂的数据分析。

课后习题

一、填空题

1. Hive 查询语句 select ceil(2.34)输出内容是_____。

2. Hive 常用的聚合函数有_____。

二、判断题

1. Hive 大小写不敏感。　　　　　　　　　　　　　　　　　　　　　　　　（　　）

2. Hive 中 group by 后可以跟 where 子句。　　　　　　　　　　　　　　　（　　）

3. 所有的 Hive 任务都会有 MapReduce 的执行。　　　　　　　　　　　　　（　　）

三、简答题

1. 简述 Hive 导入和导出的指令。

2. 简述 having 子句和 where 子句的区别。

3. 简述 like 和 rlike 的区别。

相关阅读——诚信意识

　　在大数据时代，人们已离不开各种形式的数据，数据是非常重要的资料，几乎所有的统计方法都是基于统计数据进行的。党的十九届四中全会提出"健全劳动、资本、土地、知识、技术、管理、数据等生产要素由市场评价贡献、按贡献决定报酬的机制"，这意味着"数据"将单独作为生产要素参与分配，强调了数据的资产性，也意味着将明晰数据收集和使用的行为规则。数据的可获得性和准确性如此重要，那么，就必须强调在搜集和使用数据的过程中秉承的诚信原则。

工作任务9

数据迁移

09

任务概述

无论什么类型的数据，也无论哪个数据库里的数据，都不可能永远保存在一个节点上，总会随着使用需求发生迁移。本工作任务将使用 Sqoop 技术将工作任务 8 中统计好的数据导入 MySQL 中，为数据可视化做准备。

学习目标

1. 知识目标

- 了解 Sqoop 的原理和机制。
- 熟练掌握 Sqoop 的导入/导出命令。

2. 技能目标

- 掌握 Sqoop 的安装和配置方法。
- 熟练掌握 Sqoop 的导入/导出操作方法。

3. 素养目标

培养法制观念。

预备知识——数据迁移概述

1. 数据迁移的概念

数据迁移又称分级存储管理（Hierarchical Storage Management，HSM），是一种将离线存储与在线存储融合的技术。在特定情况下，数据迁移指将高速、高容量的非在线存储设备作为磁盘设备的下一级设备，然后将磁盘中常用的数据按指定的策略自动迁移到磁带库（简称带库）等二级大容量存储设备上。当需要使用这些数据时，分级存储系统会自动将这些数据从下一级存储设备调回到上一级磁盘上。对用户来说，上述数据迁移操作完全是透明的，只是在访问磁盘的速度上略慢，而在逻辑磁盘的容量上明显感觉大大增加了。

数据迁移也可以是将很少使用或不用的文件移到辅助存储系统（如磁带或光盘）的存档过程。这些文件通常是需要在未来任何时间可进行方便访问的图像文件或历史信息文件。迁移工作不仅包括数据迁移，还包括旧计算机（旧系统）中应用程序、个性化设置等创新计算机（新系统）的迁移。为了防止迁移过程中出现的异常导致迁移失败，迁移工作还常常与备份策略相结合。

2. 数据迁移的过程

数据迁移的过程可以分为 3 个阶段：数据迁移前的准备、数据迁移的实施和数据迁移后的校验。

由于数据迁移的特点，大量的工作都需要在准备阶段完成，充分而周到的准备工作是完成数据迁移的主要基础。准备工作具体包括：要进行待迁移数据源的详细说明（包括数据的存储方式、数据量、数据的时间跨度）；建立新旧系统数据库的数据字典；对旧系统的历史数据进行质量分析，新旧系统数据结构的差异分析；新旧系统代码数据的差异分析；建立新旧系统数据库表的映射关系，对无法映射字段的处理方法；开发、部署 ETL 工具，编写数据转换的测试计划和校验程序；制定数据转换的应急措施。

其中，数据迁移的实施是实现数据迁移的 3 个阶段中最重要的环节。它要求制定数据转换的详细实施流程；准备数据迁移环境；进行业务上的准备，结束未处理完的业务事项，或将其告一段落；对数据迁移涉及的技术都进行测试；最后实施数据迁移。

数据迁移后的校验是对迁移工作的检查，数据校验的结果是判断新系统能否正式启用的重要依据。可以通过质量检查工具或编写检查程序进行数据校验，通过试运行新系统的功能模块，特别是查询、报表功能模块，检查数据的准确性。

任务 9.1 安装和配置 Sqoop

安装和配置
Sqoop

🔍【任务描述】

安装和配置 Sqoop。

⚙【知识链接】

Sqoop 是一款开源的工具，主要用于在 Hadoop（Hive）与传统的数据库（如 MySQL、PostgreSQL 等）之间进行数据的传递，可以将一个关系数据库中的数据导入 HDFS 中，也可以将 HDFS 的数据导入关系数据库中。

Sqoop 项目开始于 2009 年，最早是作为 Hadoop 的第三方模块存在的，后来为了让使用者能够快速部署，也为了让开发人员能够更快速地迭代开发，Sqoop 独立成为一个 Apache 项目。Sqoop 2 的最新版本是 1.99.7。但需要注意的是，Sqoop 2 与 Sqoop 1 并不兼容，且特征不完整。

Sqoop 的原理，是将导入或导出命令翻译成 MapReduce 程序来实现。翻译出的 MapReduce 主要是对 inputformat 和 outputformat 进行定制。

🔍【任务实施】

安装 Sqoop 的前提是已经具备 Java 和 Hadoop 的环境。

（1）将 Sqoop 的压缩文件 sqoop-1.4.6.bin__hadoop-2.0.4-alpha.tar.gz 上传到 hadoop01 节点的/software 目录下。

（2）将压缩文件解压到/servers 目录下，并重命名。

```
tar -zxf sqoop-1.4.6.bin__hadoop-2.0.4-alpha.tar.gz -C /servers
mv sqoop-1.4.6.bin__hadoop-2.0.4-alpha sqoop
```

（3）重命名配置文件。

```
cd /servers/sqoop/conf/
mv sqoop-env-template.sh sqoop-env.sh
```

（4）修改配置文件 sqoop-env.sh。

```
vi sqoop-env.sh
//在文件末尾添加如下内容
export HADOOP_COMMON_HOME=/servers/hadoop
export HADOOP_MAPRED_HOME=/servers/hadoop
export HIVE_HOME=/servers/hive
export ZOOKEEPER_HOME=/servers/ZooKeeper
export ZOOCFGDIR=/servers/ZooKeeper
```

（5）复制 JDBC 驱动，用来访问 MySQL 数据库。

```
cd /software/MySQL-connector-java-5.1.27
cp MySQL-connector-java-5.1.27-bin.jar /servers/sqoop/lib/
```

（6）验证 Sqoop。我们可以通过某一个命令来验证 Sqoop 配置是否正确。

```
cd /servers/sqoop/bin
./sqoop help
```

执行上述命令后会出现一些警告和帮助命令，如图 9-1 所示。这说明 Sqoop 已经配置成功。

```
[root@hadoop01 bin]# ./sqoop help
Warning: /servers/sqoop/bin/../../hbase does not exist! HBase imports will fail.
Please set $HBASE_HOME to the root of your HBase installation.
Warning: /servers/sqoop/bin/../../hcatalog does not exist! HCatalog jobs will fail.
Please set $HCAT_HOME to the root of your HCatalog installation.
Warning: /servers/sqoop/bin/../../accumulo does not exist! Accumulo imports will fail.
Please set $ACCUMULO_HOME to the root of your Accumulo installation.
21/04/07 18:19:06 INFO sqoop.Sqoop: Running Sqoop version: 1.4.6
usage: sqoop COMMAND [ARGS]

Available commands:
  codegen            Generate code to interact with database records
  create-hive-table  Import a table definition into Hive
  eval               Evaluate a SQL statement and display the results
  export             Export an HDFS directory to a database table
  help               List available commands
  import             Import a table from a database to HDFS
  import-all-tables  Import tables from a database to HDFS
  import-mainframe   Import datasets from a mainframe server to HDFS
  job                Work with saved jobs
  list-databases     List available databases on a server
  list-tables        List available tables in a database
  merge              Merge results of incremental imports
  metastore          Run a standalone Sqoop metastore
  version            Display version information

See 'sqoop help COMMAND' for information on a specific command.
```

图 9-1 配置 Sqoop

（7）测试 Sqoop 是否能够成功连接 MySQL 数据库。执行如下命令，如果出现图 9-2 所示的数据库信息，则 Sqoop 能够成功连接 MySQL 数据库。

```
./sqoop list-databases --connect jdbc:MySQL://hadoop01:3306/ --username root
--password 123456
```

```
[root@hadoop01 bin]# ./sqoop list-databases --connect jdbc:mysql://hadoop01:3306/ --username root --password 123456
Warning: /servers/sqoop/bin/../../hbase does not exist! HBase imports will fail.
Please set $HBASE_HOME to the root of your HBase installation.
Warning: /servers/sqoop/bin/../../hcatalog does not exist! HCatalog jobs will fail.
Please set $HCAT_HOME to the root of your HCatalog installation.
Warning: /servers/sqoop/bin/../../accumulo does not exist! Accumulo imports will fail.
Please set $ACCUMULO_HOME to the root of your Accumulo installation.
21/04/07 18:24:30 INFO sqoop.Sqoop: Running Sqoop version: 1.4.6
21/04/07 18:24:30 WARN tool.BaseSqoopTool: Setting your password on the command-line is insecure. Consider using -P instead.
21/04/07 18:24:30 INFO manager.MySQLManager: Preparing to use a MySQL streaming resultset.
information_schema
metastore
mysql
performance_schema
sys
```

图 9-2　Sqoop 能够成功连接 MySQL 数据库

任务 9.2　迁移清洗后的电影数据

【任务描述】

本任务是将之前清洗的电影数据迁移到 MySQL 中。

【知识链接】

9.2.1　导入数据

在 Sqoop 中，"导入"是指从非大数据集群（RDBMS）向大数据集群（如 HDFS、Hive、HBase）中传输数据。导入数据使用 import 关键字。

1. RDBMS 到 HDFS

（1）确定 MySQL 服务开启正常。

（2）在 MySQL 中新建一张表并插入一些数据。

```
MySQL -uroot -p123456
MySQL> create database company;
MySQL> create table company.staff(id int(4) primary key not null auto_increment,
name varchar(255), sex varchar(255));
MySQL> insert into company.staff(name, sex) values('Thomas', 'Male');
MySQL> insert into company.staff(name, sex) values('Catalina', 'FeMale');
```

（3）导入数据。导入数据分为全部导入、查询导入和导入指定列等。

全部导入：

```
./sqoop import \
--connect jdbc:MySQL://hadoop01:3306/company \
--username root \
```

```
--password 123456 \
--table staff \
--target-dir /user/company \
--delete-target-dir \
--num-mappers 1 \
--fields-terminated-by "\t"
```

参数说明如下。

- --connect：数据库连接地址。

- --username：数据库用户名。

- --password：数据库用户密码。

- --table：指定数据库的哪张表。

- --target-dir：导入 HDFS 的目录，没有则自动创建。

- --delete-target-dir：如果目录存在则删除。

- --num-mappers：指定 Map 任务的并行计算数量。

- --fields-terminated-by：指定字段分隔符。

查询导入：

```
./sqoop import \
--connect jdbc:MySQL://hadoop01:3306/company \
--username root \
--password 123456 \
--target-dir /user/company \
--delete-target-dir \
--num-mappers 1 \
--fields-terminated-by "\t" \
--query 'select name,sex from staff where id <=1 and $CONDITIONS;'
```

提示：查询导入时 where 子句中必须包含$CONDITIONS；如果 query 后使用的是双引号，则$CONDITIONS 前必须加转移符，以防止 Shell 识别为自己的变量。

导入指定列：

```
./sqoop import \
--connect jdbc:MySQL://hadoop01:3306/company \
--username root \
--password 123456 \
--target-dir /user/company \
--delete-target-dir \
--num-mappers 1 \
--columns id,sex \
--table staff
```

通过--columns 参数指定需要导入的列即可。

2. RDBMS 到 Hive

首先将数据导入 HDFS，然后将导入 HDFS 的数据迁移到 Hive。

```
./sqoop import \
--connect jdbc:MySQL://hadoop01:3306/company \
--username root \
--password 123456 \
--table staff \
```

```
--num-mappers 1 \
--hive-import \
--fields-terminated-by "\t" \
--hive-overwrite \
--hive-table staff_hive
```

参数说明如下。

- --hive-import：将数据导入 Hive 中。

- --hive-overwrite：覆盖之前 Hive 表中的数据。

- --hive-table：指定导入 Hive 的表名。

9.2.2　导出数据

在 Sqoop 中，"导出"指从大数据集群（如 HDFS、Hive、HBase）向非大数据集群（RDBMS）中传输数据。导出数据使用 export 关键字。比如，实现 Hive/HDFS 到 RDBMS 的导出：

```
./sqoop export \
--connect jdbc:MySQL://hadoop01:3306/company \
--username root \
--password 123456 \
--table staff \
--num-mappers 1 \
--export-dir /user/hive/warehouse/staff_hive \
--input-fields-terminated-by "\t"
```

参数说明如下。

--export-dir：指定 HDFS 的导出目录。

【任务实施】

（1）在 MySQL 中创建 db_film 数据库。

```
MySQL -uroot -p123456
create database db_film DEFAULT CHARACTER SET utf8 COLLATE utf8_general_ci;
```

（2）创建 film 表。

```
MySQL> create table film(
    -> name varchar(100),
    -> syrq varchar(20),
    -> xyrq varchar(20),
    -> pf float(10,2),
    -> city varchar(20)
    -> );
```

（3）将数据从 HDFS 导入 MySQL 中。

```
./sqoop export \
--connect jdbc:mysql://hadoop01:3306/db_film \
--username root \
--password 123456 \
--table film \
--num-mappers 1 \
--export-dir /user/hdfs/film_hdfs \
```

```
--input-fields-terminated-by "\t"
```

（4）查看导入结果，如图 9-3 所示。

```
mysql> select * from film;
+-----------+------------+------------+---------+------+
| name      | syrq       | xyrq       | pf      | city |
+-----------+------------+------------+---------+------+
| 《闯入者》 | 2015-04-30 | 2015-05-24 |  103.60 | 长沙 |
| 《闯入者》 | 2015-04-30 | 2015-05-24 |  103.60 | 福州 |
| 《闯入者》 | 2015-04-30 | 2015-05-24 |  103.60 | 沈阳 |
| 《闯入者》 | 2015-04-30 | 2015-05-24 |  103.60 | 武汉 |
| 《闯入者》 | 2015-04-30 | 2015-05-24 |  103.60 | 成都 |
| 《闯入者》 | 2015-04-30 | 2015-05-24 |  103.60 | 广州 |
| 《闯入者》 | 2015-04-30 | 2015-05-24 |  103.60 | 天津 |
| 《紫霞》   | 2015-12-11 | 2015-12-27 |    4.10 | 长沙 |
| 《紫霞》   | 2015-12-11 | 2015-12-27 |    4.10 | 济南 |
| 《紫霞》   | 2015-12-11 | 2015-12-27 |    4.10 | 沈阳 |
| 《紫霞》   | 2015-12-11 | 2015-12-27 |    4.10 | 成都 |
| 《紫霞》   | 2015-12-11 | 2015-12-27 |    4.10 | 天津 |
| 《紫霞》   | 2015-12-11 | 2015-12-27 |    4.10 | 北京 |
| 《简单爱》 | 2015-07-03 | 2015-07-19 |  232.70 | 长沙 |
| 《简单爱》 | 2015-07-03 | 2015-07-19 |  232.70 | 沈阳 |
| 《简单爱》 | 2015-07-03 | 2015-07-19 |  232.70 | 武汉 |
| 《简单爱》 | 2015-07-03 | 2015-07-19 |  232.70 | 成都 |
| 《简单爱》 | 2015-07-03 | 2015-07-19 |  232.70 | 广州 |
| 《破风》   | 2015-08-07 | 2015-09-13 | 1429.10 | 福州 |
| 《破风》   | 2015-08-07 | 2015-09-13 | 1429.10 | 济南 |
| 《破风》   | 2015-08-07 | 2015-09-13 | 1429.10 | 沈阳 |
| 《破风》   | 2015-08-07 | 2015-09-13 | 1429.10 | 武汉 |
| 《破风》   | 2015-08-07 | 2015-09-13 | 1429.10 | 成都 |
| 《破风》   | 2015-08-07 | 2015-09-13 | 1429.10 | 北京 |
| 《破风》   | 2015-08-07 | 2015-09-13 | 1429.10 | 上海 |
| 《爱之初体验》 | 2015-08-07 | 2015-08-23 |   31.70 | 长沙 |
| 《爱之初体验》 | 2015-08-07 | 2015-08-23 |   31.70 | 广州 |
| 《爱之初体验》 | 2015-08-07 | 2015-08-23 |   31.70 | 天津 |
| 《爱之初体验》 | 2015-08-07 | 2015-08-23 |   31.70 | 北京 |
```

图 9-3 film 表数据

任务 9.3 迁移日平均票房数据

迁移日平均票房数据

【任务描述】

本任务是将统计好的日平均票房数据迁移到 MySQL 中。

【任务实施】

（1）创建 film_pjpf 表。

```
MySQL> create table film_pjpf(
    -> name varchar(50),
    -> syts int,
    -> pjpf decimal(18,5)
    -> );
```

（2）将数据从 HDFS 导入 MySQL 中。

```
./sqoop export \
--connect
"jdbc:MySQL://hadoop01:3306/db_film?useUnicode=true&characterEncoding=utf-8" \
--username root \
--password 123456 \
```

```
--table film_pjpf \
--num-mappers 1 \
--export-dir /film/outputs/film-syts-pjpf-sort \
--input-fields-terminated-by ","
```

（3）查看导入结果，如图 9-4 所示。

```
mysql> select * from film_pjpf;

+----------------------+------+------------+
| name                 | syts | pjpf       |
+----------------------+------+------------+
| 《天将雄师》          |   47 | 1108.56160 |
| 《万物生长》          |   38 |  301.43155 |
| 《怦然星动》          |   39 |  286.08463 |
| 《冲上云霄》          |   39 |  280.59230 |
| 《破风》              |   38 |  263.25525 |
| 《一路惊喜》          |   31 |  251.50969 |
| 《失孤》              |   45 |  240.87778 |
| 《一念天堂》          |   45 |  165.90000 |
| 《将错就错》          |   25 |  111.27200 |
| 《既然青春留不住》    |   31 |   96.83226 |
| 《简单爱》            |   17 |   68.44118 |
| 《分手再说我爱你》    |   25 |   41.56800 |
| 《浪漫天降》          |   17 |   30.96471 |
| 《闯入者》            |   25 |   29.00800 |
| 《爱之初体验》        |   17 |    9.32353 |
| 《最美的时候遇见你》  |   17 |    3.57647 |
| 《紫霞》              |   17 |    1.44706 |
+----------------------+------+------------+
```

图 9-4　日平均票房数据

任务 9.4　迁移周平均票房数据

🔍【任务描述】

本任务是将统计好的周平均票房数据迁移到 MySQL 中。

🔍【任务实施】

（1）创建 film_pjpf_week 表。

```
MySQL> create table film_pjpf_week(
    -> name varchar(50),
    -> pjpf decimal(18,5)
    -> );
```

（2）将数据从 HDFS 导入 MySQL 中。

```
./sqoop export \
--connect
"jdbc:MySQL://hadoop01:3306/db_film?useUnicode=true&characterEncoding=utf-8" \
--username root \
--password 123456 \
--table film_pjpf_week \
--num-mappers 1 \
--export-dir /film/outputs/result1 \
```

```
--input-fields-terminated-by "\t"
```

（3）查看导入结果，如图 9-5 所示。

```
mysql> select * from film_pjpf_week;
+------------------+-------------+
| name             | pjpf        |
+------------------+-------------+
| 《天将雄师》       | 7443.20000  |
| 《万物生长》       | 1909.07000  |
| 《怦然星动》       | 1859.55000  |
| 《冲上云霄》       | 1823.85000  |
| 《破风》           | 1667.28000  |
| 《一路惊喜》       | 1559.36000  |
| 《失孤》           | 1548.50000  |
| 《一念天堂》       | 1066.50000  |
| 《将错就错》       | 695.45000   |
| 《既然青春留不住》 | 600.36000   |
| 《简单爱》         | 387.83000   |
| 《分手再说我爱你》 | 259.80000   |
| 《闯入者》         | 181.30000   |
| 《浪漫天降》       | 175.47000   |
| 《爱之初体验》     | 52.83000    |
| 《最美的时候遇见你》| 20.27000    |
| 《紫霞》           | 8.20000     |
+------------------+-------------+
```

图 9-5　周平均票房数据

任务 9.5　迁移北京和上海某年一季度票房数据

【任务描述】

本任务是将统计好的北京、上海某年一季度票房数据迁移到 MySQL 中。

【任务实施】

（1）创建 film_city 表。

```
MySQL> create table film_city(
    -> city varchar(50),
    -> january decimal(18,5),
    -> february decimal(18,5),
    -> march decimal(18,5)
    -> );
```

（2）将数据从 HDFS 导入 MySQL 中。

```
./sqoop export \
--connect
"jdbc:MySQL://hadoop01:3306/db_film?useUnicode=true&characterEncoding=utf-8" \
--username root \
--password 123456 \
--table film_city \
--num-mappers 1 \
--export-dir /film/outputs/result2 \
--input-fields-terminated-by "\t"
```

（3）查看导入结果，如图 9-6 所示。

```
mysql> select * from film_city;
+--------+----------+-----------+------------+
| city   | january  | february  | march      |
+--------+----------+-----------+------------+
| 上海   | 0.00000  | 2707.59620 | 6720.71140 |
| 北京   | 0.00000  | 2707.59620 | 6901.42100 |
+--------+----------+-----------+------------+
```

图 9-6　城市票房数据

任务小结

本工作任务讲解了 Sqoop 数据迁移工具的相关知识。首先，对 Sqoop 的相关概念进行了介绍；其次，对 Sqoop 的安装和配置进行了详细讲解，并先行对 Sqoop 指令进行了基本介绍；最后，将工作任务 8 中数据分析的结果导入了 MySQL 数据库中。通过本工作任务的学习，读者能够掌握 Sqoop 的安装和配置方法，并且能够使用 Sqoop 完成常用的数据迁移操作。

课后习题

一、填空题

1．Sqoop 主要用于在_____和_____之间传输数据。

2．数据迁移是一种将_____与_____融合的技术。

3．从数据库导入 HDFS 时，指定以制表符作为字段分隔符的参数是_____。

二、判断题

1．数据迁移的过程可以分为 3 个阶段：数据迁移前的准备、数据迁移的实施和数据迁移后的校验。　　　　　　　　　　　　　　　　　　　　　　　　　　　　　（　　　）

2．Sqoop 从 Hive 表导出 MySQL 表时，首先需要在 MySQL 中创建表结构。　（　　　）

3．--target-dir 参数用于指定 HDFS 目标目录地址，因此需要提前创建目标文件。（　　　）

三、选择题

1．下列参数属于 Sqoop 指令的是（　　　　）。(多选)

　　A．import　　　　　　　　　　　　B．output

　　C．input　　　　　　　　　　　　 D．export

2．下列语句描述错误的是（　　　　）。

　　A．可以通过 CLI 方式、Java API 方式调用 Sqoop

　　B．Sqoop 底层会将 Sqoop 命令转换为 MapReduce 任务，并通过 Sqoop 连接器进行数据的导入/导出操作

　　C．Sqoop 是独立的数据迁移工具，可以在任何系统上执行

　　D．在 Hadoop 分布式集群环境下,连接 MySQL 服务器参数不能是 localhost 或 127.0.0.1

四、简答题

简述 Sqoop 导入与导出数据工作原理。

相关阅读——删库事件

2020 年 2 月，国内一则运维人员删库的消息在互联网上迅速传播。

有一家从事智能商业生态的互联网多元化公司，早期主要业务是一个针对微信公众账号提供营销推广服务的第三方平台。经过 5 年的高速发展，该公司业务扩展至软件开发、广告营销，电子商务、金融、投资和大数据等。

据该公司官网的消息，其业务系统数据库（包括主备）遭遇其公司运维人员的删除。尽管公司技术团队努力恢复数据，但数据恢复进度较慢。短期内仅能将新用户数据恢复正常，而旧用户的数据预计要到月底才能完成……

这则消息引起关注的原因很简单——运维人员的几行代码，直接让该公司的市值一天之内"蒸发"超 10 亿元，数百万用户受到直接影响。终于，该公司在另一大型公司的协作下，花了一周的时间才找回数据，再加上客户赔付、数据恢复和加班支出，直接损失就高达数千万元。

经查，犯罪嫌疑人为该公司研发中心运维部核心运维人员贺某，其在 2 月 23 日 18 点 56 分通过个人 VPN 登录公司内网跳板机，对公司线上生产环境进行了恶意破坏。后来，贺某被警方刑事拘留。

工作任务10

数据可视化

任务概述

　　人类的大脑对视觉信息的处理优于对数字的处理。为了更加直观地查看分析结果，本工作任务将使用 Spring Boot 框架来构建一个 Web 系统，结合 ECharts 图表插件对之前统计的数据进行图表展示。

学习目标

1. 知识目标
了解人类对信息的感知方式。

2. 技能目标
- 掌握搭建 Spring Boot 架构的方法。
- 熟练掌握 ECharts 图表插件的使用方法。

3. 素养目标
培养严谨、认真的工匠精神。

预备知识——数据可视化概述

　　人类的大脑对视觉信息的处理优于对数字的处理，因此为了更好地给用户展现大数据处理的结果，往往使用图表等方式代替枯燥的数字，从而帮助用户更好地理解数据，这需要采用一个合乎逻辑的、易于理解的方式来呈现数据，这也是数据可视化的基本目的。可以说，数据可视化是关于数据视觉表现形式的技术，是一种利用图形和图像处理、计算机视觉以及用户界面，通过表达、建模以及对立体、表面、属性以及动画的显示，对数据加以可视化解释的较为高级的技术，是人们理解复杂现象、解释复杂数据的重要手段和途径。

任务 10.1　使用 Spring Boot 搭建 Web 系统

【任务描述】

本任务是使用 Spring Boot 来搭建 Web 系统。

【任务实施】

（1）打开 IDEA，在新建项目中选择"Spring Initializr"项目，如图 10-1 所示。此处需要注意的是，IDEA 需要安装商业版而不是社区版，因为社区版没有 Java EE 功能。

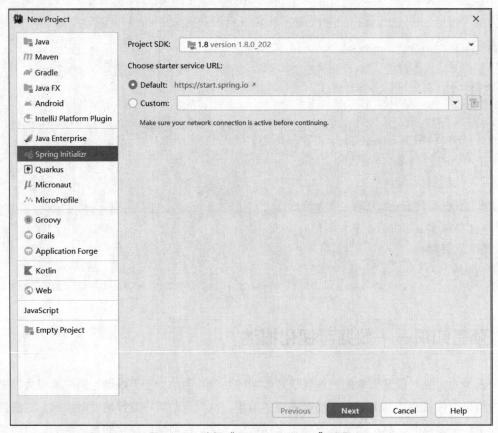

图 10-1　选择"Spring Initializr"项目

（2）单击"Next"按钮，进入下一个界面。输入项目名称"display"，选择 JDK 版本"8"，如图 10-2 所示。

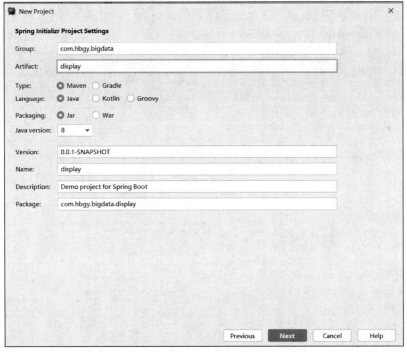

图 10-2　输入项目名称以及选择 JDK 版本

（3）单击"Next"按钮，进入下一个界面。先在左侧选择"Template Engines"，然后在中间选择"Thymeleaf"，完成依赖项选择，如图 10-3 所示。

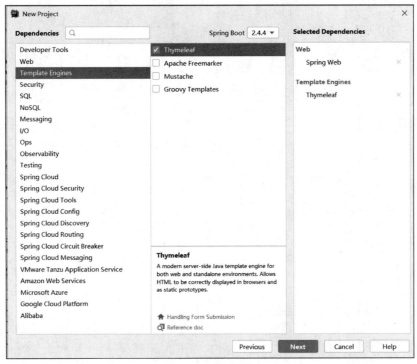

图 10-3　选择依赖项

（4）单击"Next"按钮，进入下一个界面。在 pom.xml 文件中添加 mybatis、thymeleaf、lombok 等依赖，最终的 pom.xml 文件如下。

```xml
<?xml version="1.0" encoding="UTF-8"?>
<project xmlns="http://maven.apache.org/POM/4.0.0" xmlns:xsi=
"http://www.w3.org/2001/XMLSchema-instance"
        xsi:schemaLocation="http://maven.apache.org/POM/4.0.0
https://maven.apache.org/xsd/maven-4.0.0.xsd">
    <modelVersion>4.0.0</modelVersion>
    <parent>
        <groupId>org.springframework.boot</groupId>
        <artifactId>spring-boot-starter-parent</artifactId>
        <version>2.4.4</version>
        <relativePath/>
    </parent>
    <groupId>com.hbgy.bigdata</groupId>
    <artifactId>display</artifactId>
    <version>0.0.1-SNAPSHOT</version>
    <name>display</name>
    <description>Demo project for Spring Boot</description>
    <properties>
        <java.version>1.8</java.version>
    </properties>
    <dependencies>
        <dependency>
            <groupId>org.springframework.boot</groupId>
            <artifactId>spring-boot-starter-thymeleaf</artifactId>
        </dependency>
        <dependency>
            <groupId>org.springframework.boot</groupId>
            <artifactId>spring-boot-starter-web</artifactId>
        </dependency>
        <dependency>
            <groupId>org.springframework.boot</groupId>
            <artifactId>spring-boot-starter-test</artifactId>
            <scope>test</scope>
        </dependency>
        <dependency>
            <groupId>MySQL</groupId>
            <artifactId>MySQL-connector-java</artifactId>
            <scope>runtime</scope>
        </dependency>
        <dependency>
            <groupId>org.mybatis.spring.boot</groupId>
            <artifactId>mybatis-spring-boot-starter</artifactId>
            <version>1.3.2</version>
        </dependency>
        <dependency>
            <groupId>org.projectlombok</groupId>
            <artifactId>lombok</artifactId>
            <version>1.16.10</version>
        </dependency>
    </dependencies>
    <build>
```

```
        <plugins>
            <plugin>
                <groupId>org.springframework.boot</groupId>
                <artifactId>spring-boot-maven-plugin</artifactId>
            </plugin>
        </plugins>
    </build>
</project>
```

（5）在项目中创建 mapper、controller、entity 等目录用来存放数据库访问接口以及 controller 等，如图 10-4 所示。

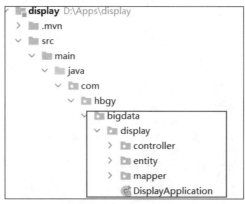

图 10-4　创建文件

（6）将 resources 目录下的 application.property 文件更名为 application.yml，并输入以下内容，主要用来配置数据源、服务端口等内容。

```
spring:
  datasource:
    driver-class-name: com.MySQL.jdbc.Driver
    url:
jdbc:MySQL://192.168.224.130:3306/db_film?useUnicode=true&amp&characterEncodin
g=utf8
    username: root
    password: 123456
  thymeleaf:
    cache: false
    encoding: utf-8
    mode: html5
server:
  port: 8080
```

任务 10.2　显示全部电影数据

🔍【任务描述】

本任务是使用表格来显示全部电影数据，前端用的模板引擎是 Thymeleaf。

🔍 【任务实施】

（1）编写 entity 类。

```
package com.hbgy.bigdata.display.entity;

import lombok.Data;
@Data
public class Film {
    private String name;
    private String syrq;
    private String xyrq;
    private float pf;
    private String city;
}
```

（2）编写 FilmMapper 接口，用来实现数据访问。

```
package com.hbgy.bigdata.display.mapper;

import com.hbgy.bigdata.display.entity.Film;
import org.apache.ibatis.annotations.Mapper;
import org.apache.ibatis.annotations.Select;

import java.util.List;

@Mapper
public interface FilmMapper {
    @Select("select * from film")
    List<Film> findAll();
}
```

（3）编写 FilmController 类。

```
package com.hbgy.bigdata.display.controller;
import com.hbgy.bigdata.display.mapper.FilmMapper;
import org.springframework.beans.factory.annotation.Autowired;
import org.springframework.stereotype.Controller;
import org.springframework.ui.Model;
import org.springframework.web.bind.annotation.GetMapping;
import org.springframework.web.bind.annotation.RequestMapping;

@Controller
@RequestMapping("/film")
public class FilmController {
    @Autowired
    private FilmMapper mapper;
    @GetMapping("/list")
    public String userList(Model model){
        model.addAttribute("list",mapper.findAll());
        return "/film/list";
    }
}
```

（4）在 templates 目录下创建一个展示电影的 HTML 页面，即 list 页面，如图 10-5 所示。

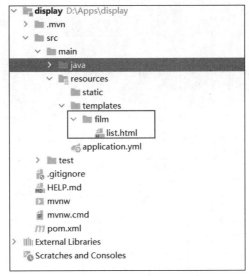

图 10-5　创建 list 页面

（5）在 list 页面中添加如下代码。

```
<!DOCTYPE html>
<html lang="en" xmlns:th="http://www.thymeleaf.org">
<head>
    <meta charset="UTF-8">
    <title>Title</title>
    <link rel="stylesheet" href="https://cdn.jsdelivr.net/npm/bootstrap@4.6.0/
dist/css/bootstrap.min.css"
integrity="sha384-B0vP5xmATw1+K9KRQjQERJvTumQW0nPEzvF6L/Z6nronJ3oUOFUFpCjEUQou
q2+l" crossorigin="anonymous">
</head>
<body>
<table class="table table-striped  table-bordered" style="width: 800px;" >
    <thead>
    <tr>
        <th>电影名称</th>
        <th>上映日期</th>
        <th>下映日期</th>
        <th>票房</th>
        <th>上映城市</th>
    </tr>
    </thead>
    <tbody>
    <tr th:each="film:${list}">
        <td th:text="${film.name}"></td>
        <td th:text="${film.syrq}"></td>
        <td th:text="${film.xyrq}"></td>
        <td th:text="${film.pf}"></td>
        <td th:text="${film.city}"></td>
    </tr>
    </tbody>
</table>
<script
```

```
src="https://cdn.jsdelivr.net/npm/jquery@3.5.1/dist/jquery.slim.min.js"
integrity="sha384-DfXdz2htPH0lsSSs5nCTpuj/zy4C+OGpamoFVy38MVBnE+IbbVYUew+OrCXa
Rkfj" crossorigin="anonymous"></script>
    <script
src="https://cdn.jsdelivr.net/npm/bootstrap@4.6.0/dist/js/bootstrap.bundle.min.js"
integrity="sha384-LCPyFKQyML7mqtS+4XytolfqyqSlcbB3bvDuH9vX2sdQMxRonb/M3b9EmhCN
NNrV" crossorigin="anonymous"></script>
    </body>
    </html>
```

（6）启动项目，并访问 http://localhost:8080/film/list，返回内容如图 10-6 所示。

电影名称	上映日期	下映日期	票房	上映城市
《闯入者》	2015-04-30	2015-05-24	103.6	长沙
《闯入者》	2015-04-30	2015-05-24	103.6	福州
《闯入者》	2015-04-30	2015-05-24	103.6	沈阳
《闯入者》	2015-04-30	2015-05-24	103.6	武汉
《闯入者》	2015-04-30	2015-05-24	103.6	成都
《闯入者》	2015-04-30	2015-05-24	103.6	广州
《闯入者》	2015-04-30	2015-05-24	103.6	天津
《紫霞》	2015-12-11	2015-12-27	4.1	长沙
《紫霞》	2015-12-11	2015-12-27	4.1	济南
《紫霞》	2015-12-11	2015-12-27	4.1	沈阳
《紫霞》	2015-12-11	2015-12-27	4.1	成都
《紫霞》	2015-12-11	2015-12-27	4.1	天津
《紫霞》	2015-12-11	2015-12-27	4.1	北京

图 10-6　电影数据的表格显示

任务 10.3　使用柱状图显示电影的日平均票房

❂【任务描述】

本任务是使用 ECharts 来显示电影的日平均票房数据。

❂【任务实施】

（1）编写 entity 类。

```
package com.hbgy.bigdata.display.entity;
```

```
import lombok.Data;

@Data
public class FilmPjpfOfDay {

    private String name;
    private int syts;
    private float pjpf;
}
```

（2）修改 FilmMapper 接口，修改后如下。

```
package com.hbgy.bigdata.display.mapper;

import com.hbgy.bigdata.display.entity.Film;
import com.hbgy.bigdata.display.entity.FilmPjpfOfDay;
import org.apache.ibatis.annotations.Mapper;
import org.apache.ibatis.annotations.Select;

import java.util.List;
@Mapper
public interface FilmMapper {
    @Select("select * from film")
    List<Film> findAll();
    @Select("select * from film_pjpf")
    List<FilmPjpfOfDay> findAllPjpfOfDay();
}
```

（3）修改 FilmController 类，修改后如下。

```
package com.hbgy.bigdata.display.controller;

import com.hbgy.bigdata.display.entity.FilmPjpfOfDay;
import com.hbgy.bigdata.display.mapper.FilmMapper;
import org.springframework.beans.factory.annotation.Autowired;
import org.springframework.stereotype.Controller;
import org.springframework.ui.Model;
import org.springframework.web.bind.annotation.GetMapping;
import org.springframework.web.bind.annotation.RequestMapping;
import org.springframework.web.bind.annotation.ResponseBody;

import java.util.List;

@Controller
@RequestMapping("/film")
public class FilmController {
    //注入数据访问对象
    @Autowired
    private FilmMapper mapper;
    //返回电影页面
    @GetMapping("/list")
    public String filmList(Model model){
        model.addAttribute("list",mapper.findAll());
```

```
        return "/film/list";
    }
    //返回日平均票房页面
    @GetMapping("/rpjpf")

    public String pjpfOfDayList(){
        return "/film/rpjpf";
    }
    //返回日平均票房数据
    @GetMapping("/pjpfOfDay")
    @ResponseBody
    public List<FilmPjpfOfDay> filmPjpfOfDayList(){
        return mapper.findAllPjpfOfDay();
    }
}
```

（4）添加 rpjpf.html 模板页面，内容如下。

```html
<!DOCTYPE html>
<html lang="en" xmlns:th="http://www.thymeleaf.org">
<head>
    <meta charset="UTF-8">
    <title>Title</title>
</head>
<body>
<div id="main" style="width: 1000px;height: 600px" ></div>
<script
src="https://cdn.jsdelivr.net/npm/jquery@3.6.0/dist/jquery.min.js"></script>
    <script
src="https://cdn.jsdelivr.net/npm/echarts@5.0.2/dist/echarts.min.js"></script>
    <script type="text/javascript">
        $(function () {
            //发起 AJAX 请求获取票房数据
            $.ajax({
                url:"/film/pjpfOfDay",
                type:'GET',
                dataType:"json",
                success:function (data){
                    // 基于准备好的 DOM，初始化 ECharts 实例
                    var myChart = echarts.init(document.getElementById('main'));
                    //构建 x 轴和 y 轴
                    var xAxis=[];
                    var datas=[];
                    $.each(data,function (i,v){
                        xAxis.push(v.name);
                        datas.push(parseFloat(v.pjpf.toFixed(2)))
                    });
                    // 指定图表的配置项和数据
                    var option = {
                        title: {
```

```
                    text:'日平均票房'（单位：万元）
                },
                tooltip: {},
                legend: {
                    data:['票房']
                },
                xAxis: {
                    data: xAxis
                },
                yAxis: {},
                series: [{
                    name: '票房',
                    type: 'bar',
                    data: datas,
                    showBackground: true,
                    backgroundStyle: {
                        color: 'rgba(180, 180, 180, 0.2)'
                    }
                }]
            };
            // 使用刚指定的配置项和数据显示图表
            myChart.setOption(option);
        }
    })
    });
</script>
</body>
</html>
```

（5）重启项目，访问 http://localhost:8080/film/rpjpf，返回内容如图 10-7 所示。

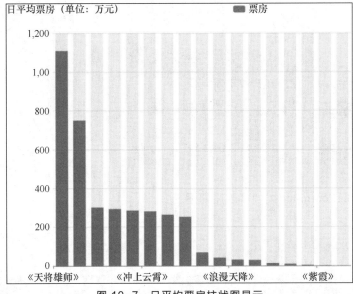

图 10-7　日平均票房柱状图显示

任务 10.4　使用饼图显示电影的周平均票房

【任务描述】

本任务是使用 ECharts 来显示电影的周平均票房数据。

【任务实施】

（1）编写 entity 类。

```
package com.hbgy.bigdata.display.entity;

import lombok.Data;

@Data
public class FilmPjpfOfWeek {
    private String name;
    private float pjpf;
}
```

（2）修改 FilmMapper 接口，修改后如下。

```
package com.hbgy.bigdata.display.mapper;

import com.hbgy.bigdata.display.entity.Film;
import com.hbgy.bigdata.display.entity.FilmPjpfOfDay;
import com.hbgy.bigdata.display.entity.FilmPjpfOfWeek;
import org.apache.ibatis.annotations.Mapper;
import org.apache.ibatis.annotations.Select;

import java.util.List;

@Mapper
public interface FilmMapper {
    @Select("select * from film")
    List<Film> findAll();
    @Select("select * from film_pjpf")
    List<FilmPjpfOfDay> findAllPjpfOfDay();
    @Select("select * from film_pjpf_week")
    List<FilmPjpfOfWeek> findAllPjpfOfWeek();
}
```

（3）修改 FilmController 类，修改后如下。

```
package com.hbgy.bigdata.display.controller;

import com.hbgy.bigdata.display.entity.FilmPjpfOfDay;
import com.hbgy.bigdata.display.entity.FilmPjpfOfWeek;
import com.hbgy.bigdata.display.mapper.FilmMapper;
import org.springframework.beans.factory.annotation.Autowired;
import org.springframework.stereotype.Controller;
```

```
import org.springframework.ui.Model;
import org.springframework.web.bind.annotation.GetMapping;
import org.springframework.web.bind.annotation.RequestMapping;
import org.springframework.web.bind.annotation.ResponseBody;

import java.util.List;

@Controller
@RequestMapping("/film")
public class FilmController {
    //注入数据访问对象
    @Autowired
    private FilmMapper mapper;
    //返回电影页面
    @GetMapping("/list")
    public String filmList(Model model){
        model.addAttribute("list",mapper.findAll());
        return "/film/list";
    }
    //返回日平均票房页面
    @GetMapping("/rpjpf")
    public String pjpfOfDayList(){
        return "/film/rpjpf";
    }
    //返回日平均票房数据
    @GetMapping("/pjpfOfDay")
    @ResponseBody
    public List<FilmPjpfOfDay> filmPjpfOfDayList(){
        return mapper.findAllPjpfOfDay();
    }
    //返回周平均票房页面
    @GetMapping("/zpjpf")
    public String pjpfOfWeekList(){
        return "/film/zpjpf";
    }
    //返回周平均票房数据
    @GetMapping("/pjpfOfWeek")
    @ResponseBody
    public List<FilmPjpfOfWeek> filmPjpfOfWeekList(){
        return mapper.findAllPjpfOfWeek();
    }
}
```

（4）添加 zpjpf.html 模板页面，内容如下。

```
<!DOCTYPE html>
<html lang="en" xmlns:th="http://www.thymeleaf.org">
<head>
    <meta charset="UTF-8">
    <title>Title</title>
</head>
<body>
<div id="main" style="width: 1000px;height: 600px" ></div>
```

151

```
    <script
src="https://cdn.jsdelivr.net/npm/jquery@3.6.0/dist/jquery.min.js"></script>
    <script
src="https://cdn.jsdelivr.net/npm/echarts@5.0.2/dist/echarts.min.js"></script>
    <script type="text/javascript">
      $(function (){
          //发起 AJAX 请求获取票房数据
          $.ajax({
            url:"/film/pjpfOfWeek",
            type:'GET',
            dataType:"json",
            success:function (data){
                // 基于准备好的 DOM，初始化 ECharts 实例
                var myChart = echarts.init(document.getElementById('main'));
                var datas=[];
                $.each(data,function (i,v){
                    var name=v.name.replace("《","").replace("》","");
                    var value=parseFloat(v.pjpf.toFixed(2));
                    datas.push({name:name,value:value});
                });
                // 指定图表的配置项和数据
                var option = {
                    title: {
                        text: '周平均票房',
                        subtext: '单位:万元'
                        left: 'center'
                    },
                    tooltip: {
                        trigger: 'item'
                    },
                    legend: {
                        orient: 'vertical',
                        left: 'left',
                    },
                    series: [
                        {
                            name: '票房',
                            type: 'pie',
                            radius: '50%',
                            data: datas,
                            emphasis: {
                                itemStyle: {
                                    shadowBlur: 10,
                                    shadowOffsetX: 0,
                                    shadowColor: 'rgba(0, 0, 0, 0.5)'
                                }
                            }
                        }
                    ]
                };
                // 使用刚指定的配置项和数据显示图表
```

```
                    myChart.setOption(option);
                }
            })
        });
</script>
</body>
</html>
```

（5）重启项目，访问 http://localhost:8080/film/zpjpf，返回内容如图 10-8 所示。

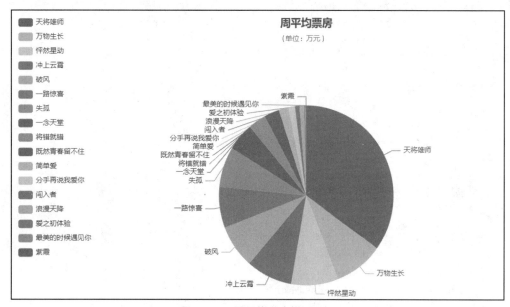

图 10-8　周平均票房饼图显示

任务 10.5　使用折线图显示北京和上海某年一季度电影票房走势

【任务描述】

本任务是使用折线图来显示北京和上海某年一季度的电影票房走势。

【任务实施】

（1）编写 entity 类。

```
package com.hbgy.bigdata.display.entity;

import lombok.Data;

@Data
public class FilmCity {
    private  String city;
    private float january;
```

```
    private float february;
    private float march;
}
```

（2）修改 FilmMapper 接口，修改后如下。

```
package com.hbgy.bigdata.display.mapper;

import com.hbgy.bigdata.display.entity.Film;
import com.hbgy.bigdata.display.entity.FilmCity;
import com.hbgy.bigdata.display.entity.FilmPjpfOfDay;
import com.hbgy.bigdata.display.entity.FilmPjpfOfWeek;
import org.apache.ibatis.annotations.Mapper;
import org.apache.ibatis.annotations.Select;

import java.util.List;

@Mapper
public interface FilmMapper {
    @Select("select * from film")
    List<Film> findAll();
    @Select("select * from film_pjpf")
    List<FilmPjpfOfDay> findAllPjpfOfDay();
    @Select("select * from film_pjpf_week")
    List<FilmPjpfOfWeek> findAllPjpfOfWeek();
    @Select("select * from film_city")
    List<FilmCity> findAllCityPf();
}
```

（3）修改 FilmController 类，修改后如下。

```
package com.hbgy.bigdata.display.controller;

import com.hbgy.bigdata.display.entity.FilmCity;
import com.hbgy.bigdata.display.entity.FilmPjpfOfDay;
import com.hbgy.bigdata.display.entity.FilmPjpfOfWeek;
import com.hbgy.bigdata.display.mapper.FilmMapper;
import org.springframework.beans.factory.annotation.Autowired;
import org.springframework.stereotype.Controller;
import org.springframework.ui.Model;
import org.springframework.web.bind.annotation.GetMapping;
import org.springframework.web.bind.annotation.RequestMapping;
import org.springframework.web.bind.annotation.ResponseBody;

import java.util.List;

@Controller
@RequestMapping("/film")
public class FilmController {
    //注入数据访问对象
    @Autowired
    private FilmMapper mapper;
    //返回电影页面
    @GetMapping("/list")
    public String filmList(Model model){
        model.addAttribute("list",mapper.findAll());
```

```
        return "/film/list";
    }
    //返回日平均票房页面
    @GetMapping("/rpjpf")
    public String pjpfOfDayList(){
        return "/film/rpjpf";
    }
    //返回日平均票房数据
    @GetMapping("/pjpfOfDay")
    @ResponseBody
    public List<FilmPjpfOfDay> filmPjpfOfDayList(){
        return mapper.findAllPjpfOfDay();
    }
    //返回周平均票房页面
    @GetMapping("/zpjpf")
    public String pjpfOfWeekList(){
        return "/film/zpjpf";
    }
    //返回周平均票房数据
    @GetMapping("/pjpfOfWeek")
    @ResponseBody
    public List<FilmPjpfOfWeek> filmPjpfOfWeekList(){
        return mapper.findAllPjpfOfWeek();
    }
    //返回城市票房页面
    @GetMapping("/city")
    public String city(){
        return "/film/city";
    }
    //返回城市票房数据
    @GetMapping("/pfOfCity")
    @ResponseBody
    public List<FilmCity> filmPfOfCity(){
        return mapper.findAllCityPf();
    }
}
```

（4）添加 city.html 模板页面，内容如下。

```
<!DOCTYPE html>
<html lang="en" xmlns:th="http://www.thymeleaf.org">
<head>
    <meta charset="UTF-8">
    <title>Title</title>
</head>
<body>
<div id="main" style="width: 1000px;height: 600px" ></div>

    <script
src="https://cdn.jsdelivr.net/npm/jquery@3.6.0/dist/jquery.min.js"></script>
    <script
src="https://cdn.jsdelivr.net/npm/echarts@5.0.2/dist/echarts.min.js"></script>
    <script type="text/javascript">
```

155

```
$(function (){
    //发起 AJAX 请求获取票房数据
    $.ajax({
        url:"/film/pfOfCity",
        type:'GET',
        dataType:"json",
        success:function (data){
            // 基于准备好的 DOM，初始化 ECharts 实例
            var myChart = echarts.init(document.getElementById('main'));
            console.log(data)
            var datas=[];
            var names=[];
            $.each(data,function (i,v){
                var obj={};
                obj.name=v.city;
                obj.type="line";
                obj.stack="票房";
obj.data=[parseFloat(v.january.toFixed(2)),parseFloat(v.february.toFixed(2)),p
arseFloat(v.march.toFixed(2))];
                datas.push(obj);
                names.push(v.city)
            });
            // 指定图表的配置项和数据
            var option = {
                title: {
                    text: '北京、上海 2015 年 1~3 月票房（单位：万元）'
                },
                tooltip: {
                    trigger: 'axis'
                },
                legend: {
                    data: names
                },
                grid: {
                    left: '3%',
                    right: '4%',
                    bottom: '3%',
                    containLabel: true
                },
                toolbox: {
                    feature: {
                        saveAsImage: {}
                    }
                },
                xAxis: {
                    type: 'category',
                    boundaryGap: false,
                    data: ['1月', '2月', '3月']
                },
                yAxis: {
                    type: 'value'
```

```
                  },
                    series: datas
                };
            // 使用刚指定的配置项和数据显示图表
            myChart.setOption(option);
        }
    })
    });
</script>
</body>
</html>
```

（5）重启项目，访问 http://localhost:8080/film/city，返回内容如图 10-9 所示。

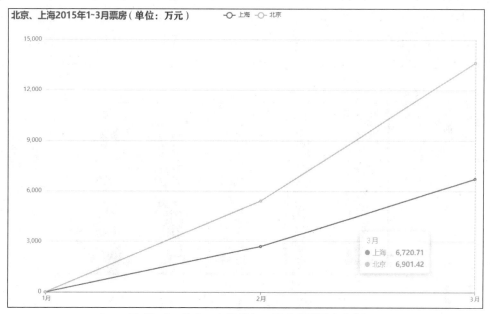

图 10-9　北京、上海某年一季度电影票房走势

任务小结

本工作任务主要讲解了开发电影数据可视化 Web 系统。首先使用时下流行的 Spring Boot 技术构建系统的整体框架，然后借助第三方图表插件 ECharts 来生成各种图表，如柱状图、饼图、折线图等。借助图表，用户可以很快、很方便地了解电影市场数据，为决策者制定市场战略提供了很大的帮助。

课后习题

参考 ECharts 官方文档，尝试使用至少两种图形展示 2015 年 1～3 月北京和上海两地的电影票房走势。

相关阅读——中华人民共和国 2022 年国民经济和社会发展统计公报

2022 年是党和国家历史上极为重要的一年。党的二十大胜利召开，擘画了全面建设社会主义现代化国家、以中国式现代化全面推进中华民族伟大复兴的宏伟蓝图。面对风高浪急的国际环境和艰巨繁重的国内改革发展稳定任务，在以习近平同志为核心的党中央坚强领导下，各地区各部门坚持以习近平新时代中国特色社会主义思想为指导，按照党中央、国务院决策部署，坚持稳中求进工作总基调，完整、准确、全面贯彻新发展理念，加快构建新发展格局，着力推动高质量发展，加大宏观调控力度，应对超预期因素冲击，经济保持增长，发展质量稳步提升，创新驱动深入推进，改革开放蹄疾步稳，就业物价总体平稳，粮食安全、能源安全和人民生活得到有效保障，经济社会大局保持稳定，全面建设社会主义现代化国家新征程迈出坚实步伐。2018 年到 2022 年国内生产总值及其增长情况如图 10-10 所示。

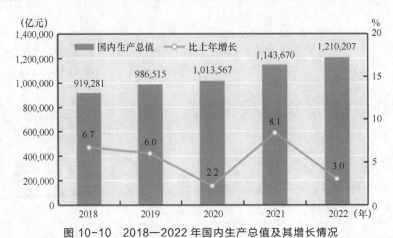

图 10-10　2018—2022 年国内生产总值及其增长情况